AF283546

Introducción al diseño de experimentos

Álvaro Cía Mina & Jesús López-Fidalgo
aciamina@unav.es & fidalgo@unav.es
Universidad de Navarra
Instituto de Ciencia de los Datos e Inteligencia Artificial (DATAI)

EDICIONES UNIVERSIDAD DE NAVARRA, S.A.
PAMPLONA

© 2024. Álvaro Cía Mina & Jesús López-Fidalgo
Ediciones Universidad de Navarra, S.A. (EUNSA)
Campus Universitario · Universidad de Navarra · 31009 Pamplona · España
+34 948 25 68 50 · www.eunsa.es · eunsa@eunsa.es

ISBN 978-84-313-3952-4
DL NA 1207-2024

Queda prohibida, salvo excepción prevista en la ley, cualquier forma de reproducción, distribución, comunicación pública y transformación, total o parcial, de esta obra sin contar con autorización escrita de los titulares del Copyright. La infracción de los derechos mencionados puede ser constitutiva de delito contra la propiedad intelectual (Artículos 270 y ss. del Código Penal).

Imagen de portada: Chokniti Khongchum, en Pexels

Imprime: Podiprint

Printed in Spain – Impreso en España

Cupón para la Biblioteca Virtual

Accede a la versión eBook de este título por solo **1,99 €**. Con la compra de este libro puedes utilizar el siguiente cupón para la lectura en *streaming** desde la Biblioteca Virtual. **Sigue estas instrucciones** para visualizar tu libro:

1. Dirígete a la web de la Biblioteca Virtual **https://ebooks.eunsa.es/library**.

2. En la web ve a **Iniciar sesión** e introduce tu email y contraseña. Si no estás registrado, deberás completar el proceso en **Registrarse**.

3. Tras registrarte, accede a la página del libro o lee el QR de esta página. Bajo el precio podrás **insertar el código oculto en el siguiente cupón** para activar la promoción.

Despegue para visualizar

Acceso directo al eBook

No se admitirá la devolución del libro si el código promocional ha sido manipulado

Canjéalo en ebooks.eunsa.es

*Con acceso a internet desde cualquier navegador.

Colección: Apuntes

Índice general

3

Lísta de símbolos

A^T: Transpuesta.

$\#$: Cardinal de un conjunto.

$\mathbb{R}$: Recta real.

$\mathbb{N}$: Números naturales.

∇: Gradiente.

s: Paso de un algoritmo.

u_i: Vector i de la base canónica.

E_W or E_π: Esperanza con respecto a la distribución de la variable aleatoria W o pdf π.

Σ_W: Matriz de covarianzas del vector aleatorio W.

γ: Coeficiente de confianza.

y: Observación particular o vector de n observaciones.

x: Vector de variables explicativas.

$f(x)$: Vector de regresores en un modelo linear.

$\theta = (\theta_1, \ldots, \theta_m)^T$: Vector de parámetros del modelo.

m: Número de parámetros del modelo.

η: Modelo de la media.

$\sigma^2(x)$: Varianza de la respuesta.

$h(y \,|\, x, \theta)$: pdf que define un modelo estadístico general.

$\mathcal{L}$: Verosimilitud.

ℓ: Log-verosimilitud.

e_i: Residual para la observación i.

p: Número de covariables.

n: Tamaño de muestra.

X: Matriz del diseño.

$X^T X$: Matriz de información de un modelo lineal.

Introducción

El diseño de experimentos es una disciplina de la estadística moderna que supone un avance en la planificación eficiente de la recogida de datos que involucran experimentos. Ronald Fisher (1890-1962) fue uno de los pioneros del diseño de experimentos, así como del análisis de la varianza, entre otras cuestiones esenciales en la estadística moderna. Fisher, genetista y estadístico, lo aplicó inicialmente a la agricultura (Fisher, 1924). Más tarde, su libro "The Design of Experiments" (Fisher, 1935) marcará un hito importante en esta materia.

Después de la segunda guerra mundial y en un contexto distinto, orientado a la industria, Gen'ichi Taguchi (1924-2012) sacará mucho provecho de este campo para la mejora del control de calidad. Desde entonces el diseño de experimentos ha estado presente en todas las ciencias experimentales. Cabe destacar la aplicación a ciencias de la vida y en particular en el desarrollo de tratamientos farmacológicos, desde el comienzo hasta su aplicación generalizada y comercializada.

El contenido de este libro está orientado tanto a alumnos de grado como de máster y doctorado. Ha sido diseñado también para que sirva de apoyo a investigadores en ciencias experimentales, desde la biología hasta la psicología, pasando por la ingeniería y las ciencias de la salud. Puesto que para comprender algunos de los conceptos es necesario contar con algunos conocimientos de estadística, nos ha parecido conveniente proporcionar una introducción muy somera y orientada a lo que se va a necesitar en el resto del libro. Esto permite que el libro sea autosuficiente y no sea necesario tener al lado un libro de estadística básica para comprender los conceptos y propiedades que se introducen. Después de esta introducción motivadora y en la que no se ha querido caer en demasiados tecnicismos matemáticos, viene una parte de cálculo básico de tamaños de muestra. Aunque un buen diseño de experimentos llevará a un ahorro en el número de experimentos a realizar, el cálculo del tamaño de muestra es algo adicional de mucho interés para el investigador. Este capítulo es muy corto y está muy simplificado, pero pensamos que puede ser muy útil en el contexto de quien busca apoyo al diseñar experimentos.

Los modelos lineales, que incluyen la regresión y el análisis de la varianza, son los destinatarios de un diseño experimental. Por eso nos ha parecido esencial introducirlos con un cierto detalle. En muchas ocasiones el propio modelo determina el diseño experimental y en otras el diseño determina el modelo adecuado a utilizar. Son conceptos que van de la mano y es necesario considerar de modo conjunto. Por este motivo la introducción al diseño de experimentos viene cuando el libro ya está muy avanzado aunque, en realidad, ya se ha ido introduciendo de modo implícito desde los primeros capítulos con algunos conceptos esenciales como son la aleatoriedad, la replicación de experimentos y la repetición de medidas. Se incluye un capítulo que no suele estar presente en los libros de diseño de experimentos, que es el diseño óptimo de experimentos. Mientras que el diseño clásico busca diseños con buenas propiedades para modelos lineales, el diseño óptimo busca el mejor diseño para un modelo concreto. Aunque en muchas ocasiones el diseño óptimo no es conveniente aplicarlo, o simplemente no se puede, sí que sirve como referencia para medir la bondad de otros diseños. Este tema se analiza desde la perspectiva de sus limitaciones, que pensamos que da luces para su adecuada comprensión.

Alguien con conocimientos mínimos de estadística podría comenzar directamente con el Capítulo 2, mientras que alguien con conocimientos más avanzados de estadística podría saltar hasta el capítulo 5. Los capítulos 8 y 9 ofrecen metodologías un poco más avanzadas, mientras que el Capítulo 10 puede ser interesante incluso para personas con conocimientos de el diseño experimental básico. En algunos temas se ofrece una referencia al software estadístico R. A este respecto se supone un cierto conocimiento básico de este lenguaje.

Capítulo 1

Una introducción motivadora y básica de la estadística

1.1. Conceptos erróneos sobre la Estadística

Para una introducción general a la estadística de un modo divulgativo puede consultarse López-Fidalgo (2019). Mark Twain hizo célebre la frase "Hay tres clases de mentiras: las mentiras, las grandes mentiras y ... las estadísticas". Es frecuente lanzar críticas mordaces y despiadadas contra la estadística. He aquí algunas, junto con algunos chistes, que pueden servir de muestra:

- Bernard Shaw: "Si la cabeza de un hombre está en un horno y sus pies están en un congelador, entonces su cuerpo está a la temperatura promedio ideal".

- La probabilidad de un accidente automovilístico aumenta con el tiempo de conducción, por lo tanto, esta probabilidad disminuirá aumentando la velocidad.

- El 33 % de los accidentes mortales involucran a un conductor ebrio, de lo que se deduce que en el 67 % de los accidentes mortales el conductor no había bebido más de la cuenta. Por tanto parece más seguro conducir ebrio.

- Una muestra, suficientemente torturada, confesará lo que queramos.

Es cierto que la estadística es una herramienta potente y que un mal uso de ella puede ocasionar importantes perjuicios e injusticias. Estos son algunos de los momentos en que puede haber una manipulación y, por tanto, un uso incorrecto de la estadística:

- Modificar los datos. Es algo muy grave que todos entienden y que incluso no se achacaría a la estadística propiamente. Pero esa tentación de cambiar algo, o simplemente omitir algún dato, para que el resultado sea más redondo, está en el proceso del análisis estadístico.

- Planificación de muestreo o diseño deficiente. Precisamente este libro buscará una planificación eficiente desde el punto de vista de la experimentación, lo que redundará en la veracidad de los resultados.

- Modelo o análisis incorrecto. Para poder hacer un análisis o utilizar un modelo es importante comprobar que se cumplen las condiciones para realizarlo. En caso contrario podría cometerse un error importante. En las encuestas el tratamiento de la no respuesta o la deficiencia de la representatividad de la muestra, no anula toda posibilidad de tratamiento y hay que tenerlo en cuenta a la hora de analizar los datos. A veces este tipo de correcciones se llama "cocinar" los resultados y suena mal, pero es lo que hay que hacer.

- Interpretación inadecuada. Quizá es lo más común, después de unos análisis correctos y rigurosos. Por ejemplo, mostrar los resultados solo parcialmente, utilizar gráficos engañosos. A primera vista parece que un 90 % de probabilidad es muy alto, sin embargo una probabilidad del 90 % de que un avión no tenga un accidente es terriblemente pequeña. Un 80 % de opiniones a favor de algo parece muy consistente. Sin embargo, un 80 % de personas en contra de la pena de muerte indica que una de cada 5 personas está a favor, lo que no parece tan bajo.

Sin embargo, un buen uso de la estadística salva muchas vidas y ayuda al bienestar de muchas personas. Por todo esto el consejo es bien claro: aprende estadística en la medida de tus posibilidades. Eso te hará menos vulnerable y además te servirá a progresar en la vida y a ayudar a los demás.

1.2.   ¿Qué hace la Estadística?

La estadística permite medir cómo de bien se ajusta un modelo a la realidad. George Box solía decir que "Los modelos, por supuesto, nunca son verdaderos, pero afortunadamente solo es necesario que sean útiles" (e.g. Box, 1979). Se basa en las leyes del azar, las cuales están bien estudiadas y funcionan, aunque esto significa que la probabilidad de acierto nunca es del 100 % ni se cumplen las condiciones para su aplicabilidad al 100 %. No obstante, la estadística es efectiva y puede considerarse una herramienta de apoyo y referencia.

La estadística moderna permite inferir conclusiones a partir de una muestra de datos. En particular, ayuda a descubrir relaciones entre variables:

- ¿Cómo influye la longitud de un automóvil en el consumo de gasolina?

- ¿Cuáles son los factores responsables de la corrosión de las llantas de aleación?

- ¿Influye una dieta en el riesgo de cáncer?

- ¿Existe una relación entre la obesidad y la felicidad?

El método científico se fundamenta en el uso tanto de la deducción como de la inducción. A diferencia de las matemáticas y la filosofía, que se apoyan principalmente en la deducción, las ciencias experimentales hacen uso de la inducción mediante la experimentación o la observación, basándose en datos empíricos. Observar una relación entre dos variables en un número suficiente de casos lleva a asentar una teoría o a confirmar una hipótesis. En este proceso, precisamente la estadística juega un papel crucial, ya que es la que valida una teoría, o bien determina que los datos aportados no son suficientes para ello. Por supuesto, también podría refutar esa teoría si tuviera datos suficientes en su contra. Actuando de modo semejante a un juez, la estadística se convierte en una herramienta esencial para demostrar verdades científicas. Aunque no es una ciencia exacta, proporciona un método relativamente rápido, eficiente, riguroso y científico.

Se podría decir que la estadística moderna es la confluencia de dos disciplinas que se desarrollaron de manera independiente. Por un lado, la llamada *estadística descriptiva*, que permite calcular medidas numéricas y proporciona gráficos que resumen la información contenida en una cantidad más o menos grande de datos. Por otro lado, la *probabilidad*, que surgió como una disciplina teórica de las matemáticas en el contexto de los juegos de azar y la necesidad de medir la incertidumbre, y que también se aplicó a la formación de jurados justos en un juicio. Con el tiempo, fue utilizándose para medir la probabilidad de error al contrastar una teoría con datos, dando lugar a la inferencia estadística. Este proceso implica deducir ("inferir") propiedades universales a partir de una muestra, lo cual es esencial para la toma de decisiones en diversos ámbitos. Para realizar esta inferencia, se considera un modelo estadístico teórico de toda la población, basado en una familia de distribuciones de probabilidad. A partir de una muestra de datos y utilizando las medidas que proporciona la estadística descriptiva, se ajusta ese modelo teórico inicial. El resultado es una relación concreta y tangible que nos permite tomar decisiones. La Tabla 1.1 ilustra el paralelismo entre entre los conceptos estadísticos referidos a la muestra o a la población.

1.3. Estadística descriptiva

1.3.1. Conceptos básicos

En estadística se entiende por *población* el conjunto de todos los individuos que cumplen ciertas características. Como habitualmente no se puede disponer de toda la población, la estadística estudia solo un subconjunto de la población, llamado *muestra*. Al proceso de extracción de una muestra a partir de una población se le denomina *muestreo*.

	Muestra	Población
Tamaño	n	N
Variables	Estadísticas	Aleatorias
Medidas	Estadístico	Parámetro
Aspecto	Letras latinas	Letras griegas
	$\bar{x}$, S^2...	μ, σ^2...
Gráficos	Histograma	Función de densidad de probabilidad (**pdf**)
		Función de distribución acumulativa (**cdf**)

Tabla 1.1: Relación entre los conceptos estadísticos referidos a la muestra y a la población.

Cada individuo de la población o de la muestra sobre el que se toma una o varias mediciones se denomina *unidad experimental* . Por ejemplo, personas, objetos, días, etc. Se denomina *variable* a cada una de las cualidades o cantidades recogidas de cada individuo, y se denomina *observación* al dato obtenido de una variable en un sujeto particular. Por ejemplo, 168 cm es una observación de la variable altura referida a una unidad experimental (persona) concreta.

Las variables pueden ser de distintos tipos, resultando fundamental la distinción entre ellos, dado que cada modelo estadístico presenta restricciones respecto a los tipos de variables que admite. Conocer bien esta distinción previene muchos de los errores más comunes en la aplicación e interpretación de los procedimientos estadísticos:

Cualitativas: También llamadas categóricas, atributos o factores. Sus valores no son numéricos, sino que se refieren a características que el individuo posee o no posee. No obstante, un aspecto importante a tener en cuenta al tratar las variables cualitativas es la *codificación* de las mismas, ya que con frecuencia se asigna un código numérico o etiqueta a cada categoría. De esta forma, por ejemplo, para la variable que indica el nivel socioeconómico de una persona podemos denotar con el número 1 el nivel bajo, 2 el nivel medio y 3 el alto. Dentro de las variables cualitativas se distinguen las ordinales y las nominales.

   Ordinales: Son variables que toman valores no numéricos, pero que determinan un orden. Por ejemplo la variable "grado de educación" tendría como valores: educación primaria, secundaría, bachillerato..., que establecen un orden basado en su propia definición.

   Nominales: Estas variables no establecen un orden en sus categorías, de modo que ninguna está por delante de otra. Por ejemplo el color de un coche. Por supuesto puede ocurrir que una tercera variable establezca un orden, por ejemplo que los coches oscuros suelen ser de gama más alta, pero ya nos estaríamos refiriendo a otra variable, que es la gama, y que sí es ordinal. Precisamente la estadística buscará este tipo de relaciones entre variables.

Cuantitativas: Toman valores numéricos. En ocasiones surge la duda sobre si una variable es cuantitativa o solamente ordinal, por ejemplo los estadios de una enfermedad o las respuestas a un cuestionario donde se valora de 1 a 5 y cada número tiene una etiqueta como "muy poco", "poco", "moderado", "mucho" y "excepcional". En estos casos se debe estudiar con cuidado si las diferencias entre 1 y 2, 2 y 3, 3 y 4 y 4 y 5 son iguales o si por el contrario la diferencia entre 1 y 2 es más pequeña que entre 4 y 5. Esa es una propiedad esencial que ha de tenerse en cuenta para trabajar con esa variable como si fuera numérica, por ejemplo para hacer una media. En función de los valores que pueden tomar las variables cuantitativas se dividen en discretas y continuas.

> **Discretas:** Desde un punto de vista matemático estricto estas serían variables llamadas "numerables", en las que hay un salto entre un valor y el siguiente. Un ejemplo sería el número de hermanos y hermanas de una persona o el número de elefantes en un parque natural.

> **Continuas:** Estas variables pueden tomar valores potencialmente en un intervalo o en toda la recta real. Por ejemplo, entre dos valores de temperatura siempre hay otros valores posibles. Esto no ocurre con el número de hermanos; entre 2 y 3 no hay ningún número posible. Otras variables continuas son el tiempo o el peso. Es cierto que, en la práctica, los instrumentos de medida nos dan medidas con una cantidad finita de decimales, por ejemplo dos, y entonces podríamos decir que entre 2.23 y 2.24 no hay valores posibles. En realidad, sí son posibles, pero mi instrumento de medida no permite detectarlos. En términos prácticos, en estadística trabajamos frecuentemente sin distinguir si la variable es continua o discreta porque, en muchas ocasiones, tratar una variable discreta como si fuera continua no tiene grandes repercusiones en los resultados.

Binarias: Son las más sencillas, solamente pueden tomar dos valores, que se suelen codificar como 0 y 1 o también -1 y 1. Suelen ser variables nominales, como el sexo, si alguien es fumador o no, si tiene una titulación universitaria o no, etc. En este caso no cabe comparar distancias entre los valores de la variable, porque solo hay una distancia posible. Esto hace que los códigos numéricos, sean cuales sean pueden tratarse como números. Si se asigna el 0 a los hombres de un grupo y un 1 a las mujeres, la media sería la proporción de mujeres en el grupo, tiene perfecto sentido. Por este motivo tienen un posible tratamiento como si fueran numéricas. Y puesto que las variables cualitativas pueden reducirse a variables auxiliares binarias, también permitirán ese tratamiento para determinados análisis.

1.3.2. Gráficos

La realización de gráficos proporciona una manera visual de organizar la información. Transmiten de manera rápida la información recogida. Además, pueden utilizarse para destacar o resaltar características no tan obvias al estudiar una lista de números.

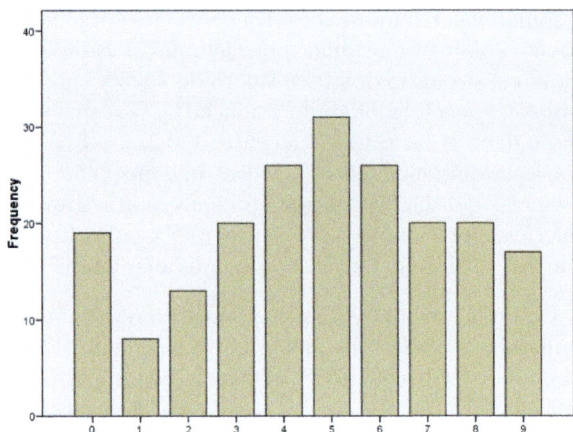

Figura 1.1: Diagrama de barras

Diagrama de barras

Es un diagrama muy sencillo y bien conocido, que aparece con frecuencia en muchos documentos y que todo el mundo sabe interpretar. Se puede utilizar para variables cualitativas o discretas con pocos valores. En la Figura 1.1 se muestran las frecuencias de las terminaciones de los números de la lotería nacional premiados en sus primeros 200 años.

Diagrama de sectores

Lo dicho acerca del diagrama de barras es aplicable al diagrama sectores, también muy popular. Si antes el número de sujetos en cada categoría, llamado *frecuencia absoluta*, ahora ha de transformarse en grados. Hacerlo a mano sería más laborioso, pero cualquier software estadístico u hoja de cálculo lo hace inmediatamente. Es cierto que es muy visual, pero la traducción de los grados a frecuencias en nuestro cerebro puede no ser tan elemental. En la Figura 1.2 se aprecia la frecuencia de distintos tipos de motores en máquinas ficticias.

Variables continuas: datos agrupados

La representación gráfica de las variables continuas requiere, en ocasiones, una preparación previa distribuyendo los datos en intervalos, que llamamos *clases*. Como ilustración, supongamos que 200 personas se han sometido a un test cuyas puntuaciones van de 0 a 100. La Tabla 1.2 muestra en la primera columna una distribución en intervalos de longitud 10.

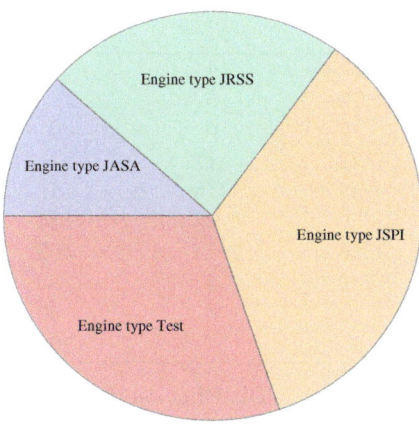

Figura 1.2: Diagrama de sectores

Esta elección es arbitraria, en la que se busca que sea natural, sin pocos ni muchos intervalos, para evitar intervalos con muy pocas observaciones. El software convencional suele utilizar algoritmos que optimizan el modo de construir los intervalos para que los gráficos generados sean fieles a los datos, informativos e ilustrativos. Al considerar clases en lugar de los números originales se pierde información, pero se gana en visualización. A cada clase conviene asignarle un representante, llamado *marca de clase*, que frecuentemente suele ser el punto medio, por si se quieren hacer cálculos numéricos con ellos. La *frecuencia absoluta* representada en la tercera columna es el número de puntuaciones en cada intervalo. Normalmente se adopta un criterio de incluir en el intervalo el extremo inferior y no el superior para evitar la disyuntiva de situar por ejemplo una puntuación de 40 en el cuarto o en el quinto intervalo. La frecuencia porcentual es simplemente el porcentaje de puntuaciones por intervalo. Las frecuencias acumuladas suman las frecuencias de los intervalos anteriores y el actual. A modo de ejemplo, si nos situamos en la clase $40 - 50$, su marca de clase será 45, el número de puntuaciones superiores o iguales a 40 e inferiores a 50 es de 32, que corresponde a un porcentaje del 16 %. Hay 84 personas que no superan una puntuación de 50, lo que corresponde al 42 %.

Histograma

La Figura 1.3 muestra un gráfico con rectángulos en los que la base corresponde a las clases y la altura alas frecuencias. Tanto las frecuencias absolutas como las porcentuales dan

Clase límites	Marca	Frecuencia absoluta	Porcentaje relativo	Acumulado frecuencia	Acumulado porcentaje acumulado
0-10	5	8	4	8	4
10-20	15	10	5	18	9
20-30	25	12	6	30	15
30-40	35	22	11	52	26
40-50	45	32	16	84	42
50-60	55	50	25	134	67
60-70	65	28	14	162	81
70-80	75	18	9	180	90
80-90	85	12	6	192	96
90-100	95	8	4	200	100

Tabla 1.2: Distribución de frecuencias

lugar a un mismo gráfico con diferentes escalas.

1.3.3. Medidas numéricas de centralidad y dispersión

La *media* aritmética es universalmente utilizada en muchas situaciones con una clara interpretación intuitiva. Para una muestra de datos $\{x_1, x_2, ..., x_n\}$, la media aritmética se calcula sumando todos los valores y dividiendo entre el número de sumandos,

$$\bar{x} = \frac{1}{n} \sum_i x_i.$$

Sin embargo, puede entenderse de un modo más técnico como el centro de gravedad de los datos, de modo que si se construye un histograma, se llena de tierra y se coloca sobre una bandeja, la media es el punto de equilibrio de la bandeja (Figura 1.4).

La media es una de las llamadas *medidas de centralidad*, que estiman el valor más representativo o valor central de una muestra. Un problema de la media es que si existen datos extremos, llamados *outliers*, estos tiran de la media excesivamente hacia ellos y entonces la media pierde esa propiedad de centralidad que la hace una buena representante de los datos. Se dice entonces que la media es sensible o poco robusta frente a los outliers. Existen diversas medidas que corrigen este problema, como la *mediana*, que se define como el valor de la variable que deja la mitad de los datos a un lado y la mitad al otro. Aunque esta definición parezca muy sencilla, en la práctica el cálculo de una mediana adecuada puede no ser tan unívoco. Otra medida utilizada para eliminar la influencia de valores extremos es la *media recortada* que resulta de quitar un pequeño porcentaje de los valores más grandes y de los más pequeños.

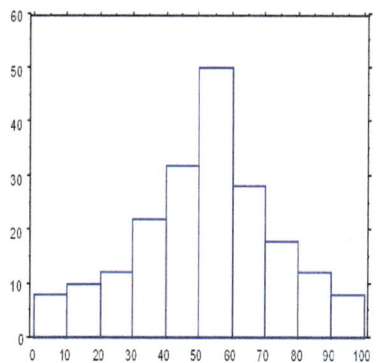

Figura 1.3: Histograma

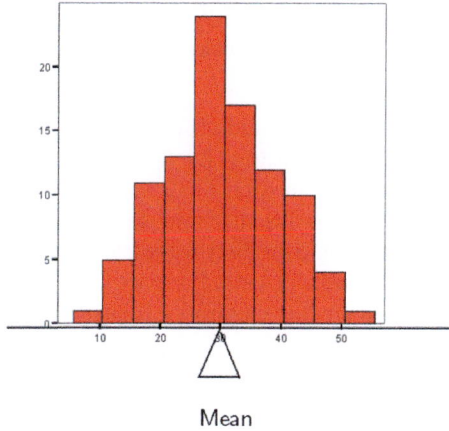

Mean

Figura 1.4: Media como centro de gravedad

Figura 1.5: Medias iguales y distintas dispersiones

Hay que tener en cuenta que cuando hablamos de outliers no nos referimos a datos anómalos o erróneos, sino a datos reales y correctos, pero que son mucho más grandes o pequeños de lo que es habitual en la población. Un ejemplo es el tráfico en internet. La mayor parte de los ficheros que se transfieren son de un tamaño moderadamente pequeño, pero con una frecuencia pequeña, pero no despreciable, hay transferencias de ficheros de gran peso.

Otra medida de centralidad muy conocida y utilizada es la *moda*, que representa a la observación con mayor frecuencia. Es el valor que más se repite. Así como las otras dos solo pueden utilizarse para variables cuantitativas, la moda sirve también para variables cualitativas. Con las variables ordinales cabría una cierta definición de la mediana, pero que no tiene demasiado interés.

Tras describir las medidas de centralidad, es evidente que la información que nos proporcionan sobre una muestra es limitada. La figura 1.5, por ejemplo, muestra como dos distribuciones con la misma media pueden tener sus datos más o menos dispersos. Esta es la razón por la cual habitualmente las medidas de centralidad se acompañan de otras de *dispersión*, las cuales expresan cómo se distribuyen los datos en torno al valor central y en qué medida están juntos o separados de este. Para acompañar a la media la medida adecuada es la *varianza*, o mejor todavía su raíz cuadrada, llamada *desviación típica*.

La varianza se define a partir de los cuadrados de las desviaciones de cada observación respecto de la media:

$$S^2 = \frac{\sum_i (x_i - \bar{x})^2}{n}.$$

El hecho de utilizar el cuadrado de las desviaciones tiene su justificación, fundamentalmente en propiedades relativas a su uso en inferencia estadística. Por razones similares, la mediana suele ir acompañada por las desviaciones respecto de ella en valor absoluto. Sin embargo, para estimar la varianza poblacional se suele utilizar la llamada *cuasi-varianza* o *varianza muestral*:

$$S_c^2 = \frac{\sum_i (x_i - \bar{x})^2}{n-1},$$

que como veremos es un estimador más apropiado. Así como la media viene medida en las mismas unidades que las observaciones, por ejemplo en gramos, los cuadrados de la varianza hacen que venga medida en las unidades al cuadrado, por ejemplo gramos al cuadrado, que no tiene una interpretación sencilla. Por ese motivo se suele utilizar su raíz cuadrada positiva para volver a las unidades originales. Esto da lugar a la llamada *desviación típica* (o *estándar*), S, y a la *Cuasi-Desviación típica* (o *muestral*), S_c.

Podemos decir entonces que una desviación típica pequeña corresponde a una muestra muy concentrada, mientras que una desviación típica grande corresponde a unos datos dispersos. El problema es dónde está el límite, cuál es la referencia. Veremos ahora algunas formas de hacer más interpretable la desviación típica:

- El *coeficiente de variación* pone en relación la desviación típica con la media en valor absoluto: $CV = \frac{S}{|\bar{x}|}$. Multiplicada por 100 puede interpretarse como el porcentaje de variación o dispersión respecto de la media. Tiene un problema importante cuando la media es cercana a cero, en cuyo caso se podría obtener un coeficiente de variación desproporcionadamente grande aunque la dispersión real no lo sea tanto. Evitando su uso en estos casos se trata de una medida muy frecuente.

- Asumiendo que los datos proceden de una distribución en forma de campana de Gauss, "distribución normal o gaussiana", la Figura 1.6 muestra el significado práctico de la desviación típica en este caso particular, que por otro lado es muy frecuente en la naturaleza y tiene grandes aplicaciones prácticas. Se espera que el 68,26 % de los datos se distribuyan dentro de una desviación estándar respecto de la media, el 95,44 % en dos desviaciones estándar y el 99,73 % en tres.

- Para una variable genérica existe una acotación semejante mucho más burda, debida a Chebyshev, que indica que entre dos desviaciones típicas está al menos un 75 % de los datos y un 88,9 % para tres desviaciones típicas.

1.3.4. Dos o más variables

Hasta ahora gráficos y medidas han sido consideradas solamente para una variable. Como se ha dicho, la estadística moderna busca relaciones entre variables y por tanto es necesario considerar también medidas y gráficos que resuman esas relaciones. Comenzaremos con relaciones entre dos variables. El gráfico habitual para dos variables cuantitativas es el *diagrama de dispersión*, que no es otra cosa que la tradicional representación de las dos variables en un diagrama cartesiano, una en cada eje (Figura 1.7).

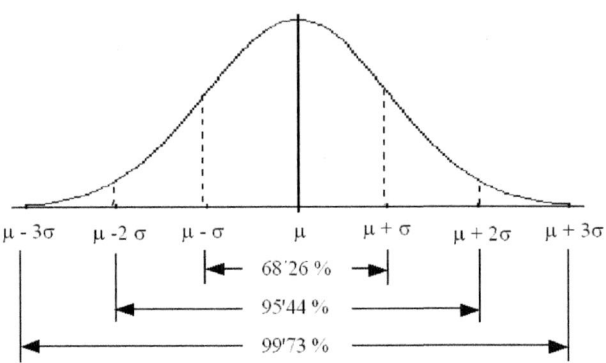

Figura 1.6: Significado de la desviación típica en una distribución normal

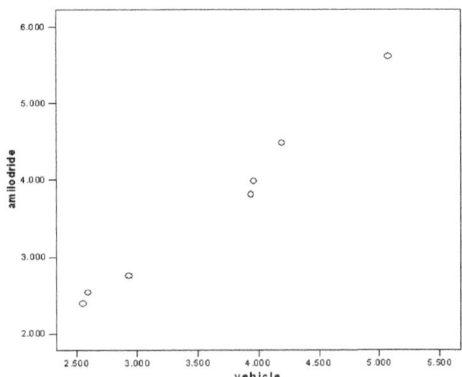

Figura 1.7: Diagrama de dispersión

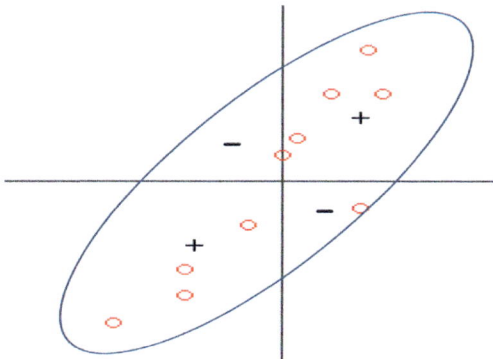

Figura 1.8: Relación lineal directa

En una representación gráfica es muy importante la escala, ya que podría dar impresiones falseadas de lo que está ocurriendo (véase López-Fidalgo, 2019, capítulo 3). En términos generales, se procura que el gráfico tenga un aspecto cuadrado, pero lógicamente esto depende de la situación particular. Los gráficos son muy importantes en la exploración de los datos para descubrir posibles relaciones que habrá que contrastar después con métodos rigurosos. También juegan un papel relevante para visualizar alguna relación o propiedad que ya se ha demostrado rigurosamente con un modelo estadístico adecuado. A veces sirven para comprobar que ciertas propiedades no se alejan de modo importante de las hipótesis necesarias para aplicar un modelo, por ejemplo la normalidad de los residuos mediante el llamado gráfico PP, especialmente cuando se dispone de pocos datos.

Existe una medida que permite medir el grado de relación lineal entre dos variables numéricas. La *covarianza* ente dos variables, x e y, viene definida del modo siguiente:

$$S_{xy} = \frac{\sum_i (x_i - \bar{x})(y_i - \bar{y})}{n}.$$

En la Figura 1.8 se representan unos datos que indican una relación lineal directa o positiva entre las variables. En particular, cuando una crece la otra lo hace de modo proporcional. En la suma que define la covarianza, los términos del primer y tercer cuadrantes son positivos, mientras que los del segundo y cuarto son negativos. En esta representación gráfica se supone que el origen de los ejes coordenados está centrado en los valores medios de x e y. La relación lineal directa hace que los positivos sean muchos más que los negativos, de modo que la covarianza será positiva, tanto más grande cuanto mayor sea la relación entre ambas variables. La Figura 1.9 indica algo parecido con una relación negativa o inversa, mientras que la Figura 1.10 indica falta de relación y por tanto una covarianza cercana a cero.

Para el cálculo, la siguiente fórmula requiere menos operaciones y es muy ilustrativa: $S_{xy} = \overline{xy} - \bar{x}\bar{y}$.

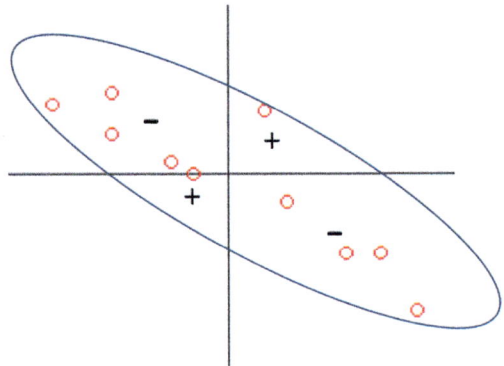

Figura 1.9: Relación lineal indirecta

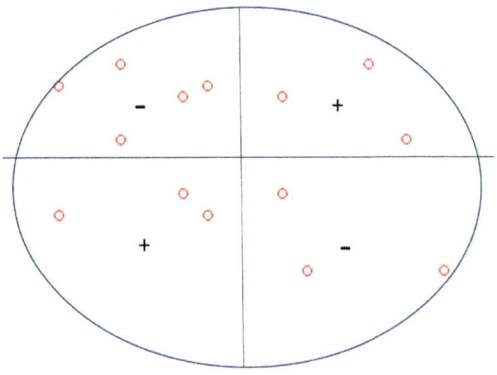

Figura 1.10: Sin relación lineal

Para un conjunto de k variables se podrían medir las covarianzas dos a dos. Por la propia definición se pude ver cómo la covarianza de una variable consigo misma no es otra cosa que la varianza. Podríamos entonces representar todas esas covarianzas en una matriz simétrica, que llamaremos *matriz de covarianzas*,

$$\begin{pmatrix} S_1^2 & S_{12} & \cdots & S_{1k} \\ \vdots & \vdots & \ddots & \vdots \\ S_{k1} & S_{k2} & \cdots & S_k^2 \end{pmatrix},$$

donde S_{ij} es la covarianza entre las variables i y j y $S_{ii} = S_i^2$ es la varianza de la variable i.

La covarianza multiplica las unidades de una variable con las de otra de modo que la interpretación de su magnitud no es sencilla, por ejemplo un número que representa gramos multiplicados por centímetros. Eso hace muy difícil saber cuándo es grande o cercana a cero indicando relación o falta de relación. Cualquier cambio de escala en una de las variables cambiaría la magnitud de la covarianza. Es por tanto conveniente un coeficiente sin unidades, como era el caso del coeficiente de variación, que proporcione una referencia universal para poder interpretar el grado de relación de dos variables, sea cual sea su escala. Podríamos dividir por el producto de las medias de nuevo, pero eso no ayudaría demasiado. Dividir por las desviaciones típicas sin embargo proporciona un coeficiente con una clara interpretabilidad. En particular, la desigualdad de Schwarzt, que no detallaremos aquí, asegura que la siguiente definición de *coeficiente de correlación lineal de Pearson* está siempre entre -1 y 1, alcanzando ambos valores cuando existe correlación perfecta:

$$r_{xy} = \frac{S_{xy}}{S_x S_y} \in [-1, 1].$$

Se cumple entonces que

$$\begin{aligned} r_{xy} \quad &> 0, \quad &&\text{positivamente correlacionadas,} \\ r_{xy} \quad &< 0, \quad &&\text{negativamente correlacionadas,} \\ r_{xy} \quad &\approx 0, \quad &&\text{incorreladas,} \\ r_{xy} \approx &-1 \text{ or } 1, \quad &&\text{correlación perfecta.} \end{aligned}$$

Aunque frecuentemente se hable de coeficiente de correlación, es importante destacar que mide solamente relaciones lineales. En la Figura 1.11 se muestra el consumo de un vehículo dependiendo de su velocidad. Es bien sabido que con el mismo combustible se puede recorrer más espacio a una velocidad intermedia, mientras que velocidades bajas o altas tienen mayor consumo y por tanto con el mismo combustible se recorrería menos espacio. Se invita al lector a buscar las fórmulas que relacionan consumo y velocidad para distintos vehículos. Las marcas comerciales suelen publicarlos. En el caso de la figura el coeficiente de correlación será cercano a cero a pesar de que hay una clara relación (no lineal) entre las variables. El *coeficiente de correlación de Spearman* es el coeficiente de Pearson cuando los valores

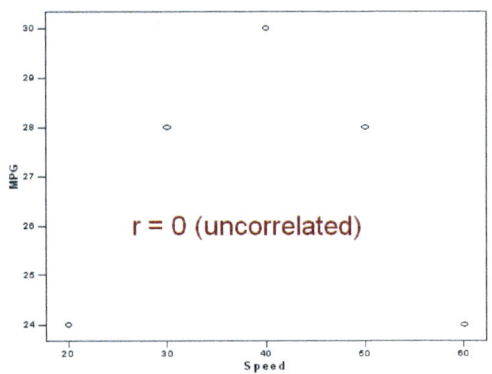

Figura 1.11: Relación lineal indirecta

de cada variable se cambian por sus rangos, es decir, al valor más pequeño se se asigna un 1, al siguiente un 2 y al mayor un valor n. Con estos números se calcula el coeficiente de Pearson con la misma fórmula ya vista y el resultado se conoce como el coeficiente de Spearman. Este coeficiente, puesto que solamente tiene en cuenta la posición en una lista ordenada, podría emplearse también con variables cualitativas ordinales. Además es capaz de detectar relaciones no lineales, siempre que sean monótonas (crecientes o decrecientes). Si adicionalmente se hace inferencia sobre él, por ejemplo para detectar si es significativamente distinto de cero o no, los contrastes de hipótesis utilizados suelen incluir la condición de que las variables sean normales. En ese caso es preferible utilizar el coeficiente de Spearman con sus inferencias adaptadas, pero de esto se hablará más adelante.

1.4.   Probabilidad

El concepto de probabilidad es bastante intuitivo e innato. Cualquier persona entiende qué se quiere decir cuando se habla de que la probabilidad de obtener una cara al lanzar una moneda es del 50 % o de que la probabilidad de que llueva mañana es del 70 %. Al mismo tiempo genera bastante confusión, especialmente en lo que se refiere a la noción y consecuencias de sucesos independientes y probabilidad condicionada. Estos son algunas de las concepciones de la probabilidad, que ayudan a entender sus mecanismos y su cálculo:

Regla de Laplace: La probabilidad de un evento se calcula como el cociente

$$\frac{\text{Número de casos favorables}}{\text{Número de casos posibles}}.$$

Es importante precisar que los casos han de ser igualmente probables (*equiprobables*) para poder aplicar esta regla.

Frecuentista (Empírica o experimental): Se obtiene mediante una experimentación u observación de distintos casos. En particular, la probabilidad se define como

$$\frac{\text{Número de eventos}}{\text{Número de ensayos}}.$$

Es una estructura semejante a la anterior, pero en la que interviene la inducción en lugar de la deducción.

Subjetiva: Es semejante a las apuestas. Podríamos calcular la probabilidad de que un equipo gane la final de la Eurocopa después de un estudio pormenorizado de los dos equipos que la disputan. Por ejemplo siguiendo su trayectoria histórica y reciente, los jugadores que la van a disputar, el campo en el que se juega... datos en definitiva. Otra posibilidad es ver cómo están las apuestas. Si por ejemplo están de 3 a 7, eso querría decir que "subjetivamente", pero con el acuerdo de mucha gente que se está jugando su propio dinero la probabilidad de que gane sería $3/(3 + 7)$, es decir, del 30 %. Aunque parezca un modo poco serio de calcular una probabilidad, se emplea mucho para dar probabilidades a priori de un evento basadas en la opinión de diversos expertos en ese campo. Esta probabilidad a priori se va retocando con los datos que se van obteniendo. Es lo que se llama estadística bayesiana.

1.4.1. Variables aleatorias

Una *variable aleatoria* (v.a.) mide los posibles resultados de un experimento. Estos son algunos ejemplos:

1. Número obtenido con un dado. Este es el conjunto de los resultados posibles $\{1, 2, 3, 4, 5, 6\}$. En este caso la variable, que toma unos pocos valores, se llama discreta y es finita.

2. Número de fallos en un proceso de control de calidad de un producto. Ahora los resultados posibles no tienen límite, $\{0, 1, 2, 3...\}$, pero seguimos hablando de variable discreta, no finita.

3. Estatura de una persona adulta. Las estaturas desde un mínimo a un máximo son todas posibles, por ejemplo [0,5, 2,30]. Es una variable continua porque todos los valores intermedios son posibles. En los ejemplos anteriores no eran posibles los números intermedios decimales.

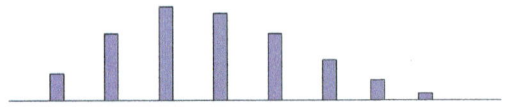

Figura 1.12: Ejemplo de una pmf

4. El consumo en litros de gasolina por cada cien kilómetros también es una variable
   continua.

La diferencia entre variable estadística y variable aleatoria es que de la primera ya tenemos
unos valores relativos a una muestra que, por ejemplo, guardamos en una hoja de cálculo con
filas para los sujetos y columnas para las variables. Un ejemplo de variable estadística serían
las 1000 estaturas de una muestra aleatoria (m.a.) de 1000 mujeres alemanas. La variable
aleatoria, por el contrario, es un concepto abstracto que representaría en este caso la estatura
de la mujer alemana. Pero estaturas entre 2 y 2.5 m son menos probables que estaturas
entre 1.6 y 1.7. Existe, por tanto, una distribución de probabilidad sobre esa variable en el
llamado espacio muestral de valores posibles. Las v.a. se denotan habitualmente con letras
mayúsculas: $X, Y, Z, W, T, N, \ldots$.

La *distribución de probabilidad* de una v.a. viene definida por $P(X \in [a, b])$, siendo a y b
números reales cualquiera e incluso $\pm\infty$. Habitualmente, para caracterizar la distribución de
probabilidad de una variable, se utiliza la llamada *función de distribución (cdf)*, que mide
la probabilidad de encontrar un resultado menor o igual que un valor:

$$F(x) = P(X \leqslant x).$$

Es, por tanto, acumulativa y tiene su homólogo en la distribución de frecuencias relativas
acumuladas para las variables estadísticas en descriptiva.

Para las variables discretas la distribución de probabilidad puede representarse con la
función de masas de probabilidad (pmf), que mide la probabilidad de obtener un resultado
puntual,

$$f(x) = P(X = x), \ x \in \mathbf{R}.$$

Es siempre no negativa y la suma de todas las probabilidades es 1: $\sum_{x \in \mathbf{R}} f(x) = 1$. La Figura
1.12 muestra un ejemplo de función de masas de probabilidad en el que las alturas de las
barras representan las probabilidades en esos puntos. El resto tienen probabilidad cero. Se
puede calcular la probabilidad de un conjunto de números simplemente sumando los valores
de esta función en ellos:

$$P(X \in \{x_1, \ldots, x_k\}) = \sum_{i=1}^{k} f(x).$$

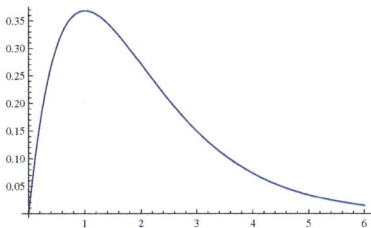

Figura 1.13: Ejemplo de una pdf

Así como las v.a. discretas tienen una cdf en forma de escalera con saltos en cada punto posible, las v.a. continuas tienen la propiedad de que la cdf es continua. Para muchas de estas últimas v.a. existe la llamada *función de densidad de probabilidad (pdf)*, que cumple lo siguiente para cualquier intervalo:

$$P(X \in [a, b]) = \text{Área bajo la curva definida por la pdf en el intervalo } [a, b].$$

Las variables continuas que disponen de esta pdf se llaman *absolutamente continuas*. La Figura 1.13 muestra la pdf para una distribución que cumple esta propiedad.

Parámetros

Las medidas que servían para resumir la información de una variable estadística se pueden extender de modo natural a las medidas que resumen la información de una v.a. y que se llaman *parámetros* de la distribución. Estos son algunos de los parámetros más frecuentes:

- Esperanza (Media): $E(X) = \mu$.

- Varianza: $\text{var}(X) = \sigma^2$.

- Desviación estándar: σ.

- Covarianza: $\text{cov}(X, Y) = \sigma_{X,Y}$ o $\sigma_{1,2}$.

- Coeficiente de correlación: $\text{corr}(X, Y) = \rho_{X,Y} = \frac{\sigma_{X,Y}}{\sigma_X \sigma_Y}$.

No entraremos en su definición rigurosa, pero baste decir que provienen de las correspondientes en estadística descriptiva.

Estas son algunas propiedades, que interesa resaltar, y que se cumplen igualmente para las correspondientes medidas en estadística descriptiva. Supondremos que X, Y, Z son variables aleatorias, mientras que a, b, c son constantes.

1. La esperanza es lineal: $E(aX + bY + c) = aE(X) + bE(Y) + c$.

2. Si X e Y son independientes entonces $E(XY) = E(X)E(Y)$.

3. La varianza no es lineal, pero cumple estas propiedades: $\text{var}(aX + c) = a^2\text{var}(X)$ y $\text{var}(X + Y) = \text{var}(X) + \text{var}(Y) + 2\text{cov}(X, Y)$.

4. Si X e Y son independientes, entonces $\text{cov}(X, Y) = 0 = \text{corr}(X, Y)$.

Algunas distribuciones frecuentes

Bernoulli

Es la más simple al tratarse de una variable binaria, que solamente toma dos valores,

$$X = \left\{ \begin{array}{ll} 0 & \text{si es éxito, con probabilidad } q = 1 - p, \\ 1 & \text{si es fracaso, con probabilidad } p, \end{array} \right\} \sim b(p).$$

Su media y su varianza son fáciles de calcular y de memorizar: $E[X] = p$, $\text{var}[X] = pq$.

Ejemplos de esta distribución son el lanzamiento de una moneda, éxito/fracaso en un experimento, dos categorías (por ejemplo, hombres (1)/mujeres (0) nacidos vivos, que en España se sabe que es $p = 1051/2051 = 0{,}512$).

Binomial

Realizando n ensayos independientes de Bernoulli, digamos $X_1, \ldots, X_n$, entonces $X = X_1 + \cdots + X_n$ corresponde al número de fracasos. Simbolizaremos que $X \sim \mathcal{B}(n, p)$. Su media y su varianza son $E[X] = np$ y $\text{var}[X] = npq$.

Los ejemplos anteriores sirven cuando hay observaciones de n sujetos.

Uniforme

Esta variable es la más elemental de las continuas y se define en un intervalo finito $[a, b]$. Todos los intervalos de la misma longitud dentro de $[a, b]$ tienen la misma probabilidad. Se denomina $X \sim \mathcal{U}(a, b)$ y su esperanza y varianza son

$$E[X] = \frac{a + b}{2}, \ \text{var}[X] = \frac{(a - b)^2}{12}.$$

Cuando decimos que vamos a seleccionar un "número aleatorio" entre 0 y 1 nos estamos refiriendo a esta distribución. También podríamos decir que la probabilidad de lluvia en Manchester el 10 de marzo de 2051 con tanta lejanía sigue una distribución uniforme. Por ese motivo a veces entra dentro de las llamadas distribuciones no informativas.

Normal (Gaussiana)

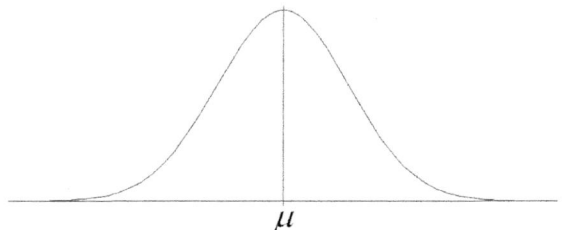

Figura 1.14: Campana de Gauss

Es la distribución más conocida y utilizada en estadística, por ser muy abundante en la naturaleza y por tener propiedades teóricas muy aprovechables en la práctica. Corresponde a la bien conocida *campana de Gauss* (Figura 1.14). Se denota $\mathcal{N}(\mu, \sigma^2)$ porque viene determinada por su media y su varianza. Todos los demás parámetros se derivan de ellos. Su pdf es

$$f(x) = \frac{1}{\sqrt{2\pi\sigma^2}} \exp\{-\frac{1}{2}\frac{(x-\mu)^2}{\sigma^2}\}.$$

No se puede calcular una expresión explícita de su cdf y es necesario calcularla numéricamente para cada valor.

Existen otras campanas que no son de Gauss. Estas propiedades de su pdf sirven para diferenciarla de ellas:

1. Es Simétrica.

2. Es unimodal.

3. Tiene colas ligeras:

$$\mu \;\pm\; \sigma \approx 68\,\%$$
$$\mu \;\pm\; 2\sigma \approx 95\,\%$$
$$\mu \;\pm\; 3\sigma \approx 99{,}97\,\%$$

Dicho de otro modo, aunque nunca llega a pegarse al eje horizontal, sin embargo muy pronto llega a estar muy, muy cerca, de modo que la probabilidad de observar valores extremos (outliers) es muy baja. Distribuciones con colas pesadas son más propensas a generar outliers.

Teorema del límite central

Como ya se ha comentado, la distribución normal o gaussiana aparece con mucha frecuencia en la naturaleza. Esto tiene una explicación matemática en la versión más general del teorema del límite central. Simplificando, y sin entrar en definiciones matemáticas precisas, podríamos decir que la suma de n variables tiende a seguir una distribución normal cuando n tiende a infinito. Las variables pueden ser muy diversas con mezcla de discretas y continuas y además la convergencia es rápida, de modo que no es necesario una gran cantidad de variables para que se aprecie ese parecido de la suma a la distribución normal. En muchas ocasiones decimos que una variable concreta depende de muchos factores (variables) y se puede considerar como combinación lineal de muchas variables, lo que la hace prácticamente normal. Esto es algo mágico, pero con demostración matemática.

Desde un punto de vista práctico, el teorema del límite central nos dice que la distribución de probabilidad de la media muestral de una variable tiende a una distribución normal. Así podemos hacer aproximaciones sin necesitar un tamaño de muestra demasiado grande. Para cualquier variable X,

$$\bar{X} \approx \mathcal{N}(\mu, \sigma^2/n).$$

Se suele hablar de que la aproximación es suficientemente buena para $n \geqslant 30$, pero obviamente esto depende de lo que se aleje de la normal la distribución de la variable. Esto nos permitirá hacer cálculos de probabilidades y tamaños de muestra para variables de las que no conocemos apenas nada de su distribución de probabilidad.

1.4.2. Distribuciones de muestreo

Sea una muestra de tamaño n, procedente de una distribución normal $\mathcal{N}(1,0)$. Se definen a partir de ellas las siguientes distribuciones que aparecen con frecuencia en los modelos estadísticos habituales. Supondremos que las distribuciones que aparecen en las definiciones son independientes.

Chi-cuadrado: $Y = \mathcal{N}(0,1)_1^2 + \cdots \mathcal{N}(0,1)_n^2 \sim \chi_n^2$ con n *grados de libertad (df)*.

t-Student: $T = \frac{\mathcal{N}(0,1)}{\sqrt{\frac{\chi_n^2}{n}}} \sim t_n$ con n df.

F de Fisher-Snedecor: $F = \frac{\frac{\chi_m^2}{m}}{\frac{\chi_n^2}{n}} \sim F_{m,n}$ con m df en el numerador y n df en el denominador.

1.4.3. Probabilidad condicionada

La probabilidad condicionada juega un papel esencial en los mecanismos estadísticos de decisión. La idea es que se asume una información extra a priori, que cambia totalmente la probabilidad si no se cuenta con esa información. Los gráficos de las Figuras 1.15, 1.16,

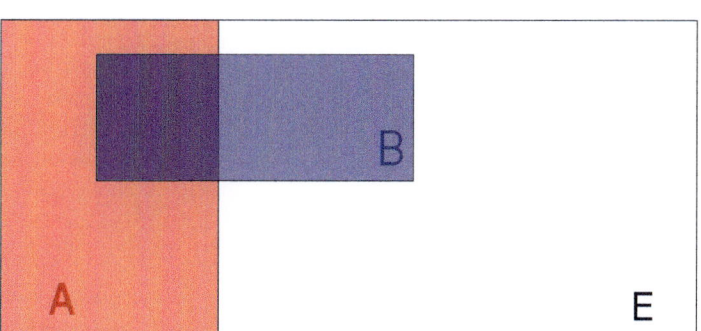

Figura 1.15: Probabilidad ordinaria del suceso B

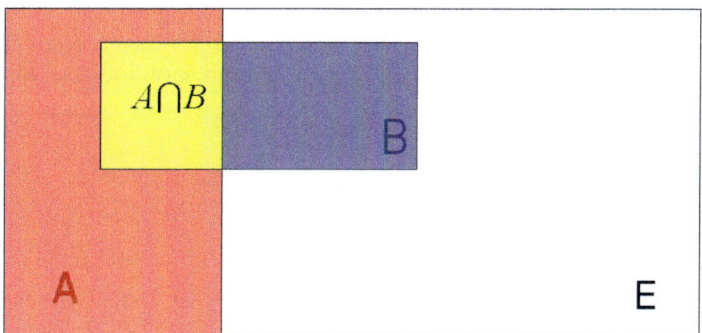

Figura 1.16: La información a priori se simboliza con el suceso A

1.17 muestran esta situación. En ambos casos el objetivo es determinar la probabilidad del suceso B, por ejemplo, que al lanzar un dado se obtenga un 6. El espacio muestral de todas las posibilidades es E, que en este ejemplo sería el conjunto de los seis números posibles $\{1, 2, 3, 4, 5, 6\}$. De un modo un tanto naif podríamos decir que esta probabilidad es $P(B) = \frac{P(B)}{P(E)} = 1/6$, donde $P(E) = 1$. De algún modo recuerda a la regla de Laplace o a la concepción frecuentista (Figura 1.15). Supongamos ahora que tenemos la información de que el número que ha salido es par, que sería el suceso A (Figura 1.16). En este ejemplo la probabilidad de que haya sido un 6 aumenta a 1/3. En la Figura 1.17 se ha borrado lo que ya se sabe que no es posible. De este modo la probabilidad de B condicionada a A es entonces

$$P(B|A) = \frac{P(A \cap B)}{P(A \cap E)} = \frac{P(A \cap B)}{P(A)} = \frac{1/6}{1/2} = \frac{1}{3}.$$

Figura 1.17: Cambio de escenario al asumir la información de A

Lo más importante en todo este planteamiento es tomar consciencia clara de lo que significa tener la información a priori de conocer que ha sucedido A o, dicho de otro modo, que A es cierto.

1.5. Estadística inferencial

1.5.1. Estimación puntual

Para estimar un parámetro poblacional, por ejemplo la media o la varianza, de la distribución de probabilidad que se asume como modelo estadístico, utilizaremos los datos obtenidos de la muestra y con ellos construiremos un número, *estadístico*, para estimar ese parámetro, por ejemplo la media o la varianza muestrales. Pero no siempre es tan sencillo y sí que importa que estos estimadores posean algunas propiedades. Puesto que frecuentemente no se les puede pedir todas al mismo tiempo y es conveniente llegar a soluciones de compromiso, hablaremos de propiedades deseables para los estimadores. Hay dos que son básicas, pero no las únicas, *centralidad* y *eficiencia*. Supongamos que tomamos una muestra aleatoria y calculamos el estimador a partir de ella. Con un cierto nivel de abstracción, porque esto no se suele hacer, tomemos otra muestra independientemente de la anterior y calculemos el estimador. Repitamos esto muchas veces, tendremos entonces un buen número de estimaciones distintas. Lo ideal es que no sean muy distintas (eficiente) y que se acerquen al verdadero valor del parámetro en promedio (centrado). Las Figuras 1.18, 1.19, 1.20 muestran una analogía con un lanzador de dardos a una diana. Cada impacto representa una de esas estimaciones. En la Figura 1.18 se aprecia un sesgo en los impactos. Están todos muy próximos, que es bueno, pero lejos del objetivo. Es un estimador no centrado o sesgado. Aunque cueste creerlo este es el caso del estimador $\hat{\sigma}^2 = S^2$. en su lugar se puede utilizar la cuasi-varianza, que es

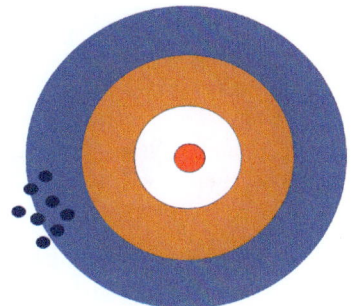

Figura 1.18: Estimador sesgado

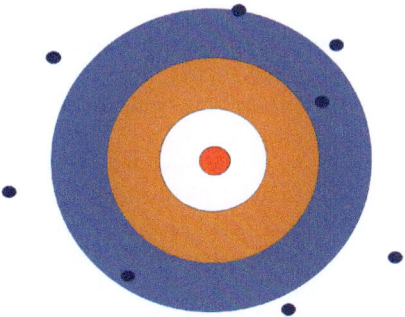

Figura 1.19: Estimador ineficiente

prácticamente igual a la varianza, pero en lugar de dividir al promediar los cuadrados de las desviaciones por n, se divide por $n-1$. Es obvio, por tanto, que si n es grande este efecto no es importante. La Figura 1.19 muestra las estimaciones alrededor del objetivo, en promedio da en el blanco, pero son tan dispersos, que casi todos están muy lejos del objetivo. Es un estimador centrado pero no eficiente. Por el contrario la Figura 1.20 muestra un estimador centrado o insesgado, que además es muy eficiente. Este es el caso de $\hat{\mu} = \bar{x}$.

1.5.2. Estimación por intervalos de confianza

Las estimaciones puntuales acompañadas de estas propiedades son informativas, pero un estimador podría ser el más eficiente de entre los posibles, pero todavía bastante ineficiente. Es muy conveniente y de interés práctico, acompañar estos estimadores de un intervalo que muestre lo eficiente que es. Para ello se utilizan los *intervalos de confianza (IC)*. Su

Figura 1.20: Estimador centrado y eficiente

interpretación requiere de algunas precauciones para que esta sea correcta y rigurosa. Cuando se afirma que un intervalo que contiene el valor verdadero con un *nivel de confianza* del 95 % significa que "si obtenemos 100 muestras aleatorias de la población y construimos los 100 IC, entonces aproximadamente 95 de ellos incluirán el valor verdadero del parámetro". No debe decirse que el intervalo de confianza, por ejemplo $(0{,}56, 0{,}65)$ contiene al verdadero valor del parámetro con una probabilidad del 95 % o que la probabilidad de que el parámetro pertenezca a ese intervalo es del 95 %. Esto es porque ya no hay nada aleatorio, $(0{,}56, 0{,}65)$ es un intervalo concreto y el verdadero valor del parámetro es un número, desconocido, pero un número y por tanto o está o no está, pero no lo sabremos nunca. Por supuesto se ha construido haciendo uso de la probabilidad, pero de un modo abstracto. La longitud del intervalo es proporcional a la precisión de la estimación. Esto significa que aumentando el tamaño de muestra el intervalo se reduce siempre. De hecho, los IC se suelen utilizar para calcular los tamaños de muestra necesarios para conseguir una precisión determinada.

Intervalos de confianza para una media

Si se toma una m.a. de una distribución normal con media y varianza desconocidas, el intervalo de confianza para la media es

$$\bar{X} \pm t_{n-1, \frac{1+\gamma}{2}} \frac{S_c}{\sqrt{n}}.$$

La cuasi-varianza S_c^2 se ha utilizado para estimar la desviación típica y por este motivo la distribución que se utiliza es una t-Student en lugar de una normal. El cuantil $t_{n-1, \frac{1+\gamma}{2}}$ de esta distribución corresponde a una probabilidad de $\frac{1+\gamma}{2}$, lo que garantiza que la probabilidad de intervalo, quitando las colas sea exactamente γ .

Intervalos de confianza para proporciones

Ahora la variable es el número de sujetos en una categoría. Se tomará una m.a., que puede ser con reemplazamiento o sin el. En el primer caso queda garantizada la independencia de los ensayos de Bernoulli y el número de sujetos en la categoría seguirá una distribución binomial con parámetros n, tamaño de la muestra, y p, proporción que se quiere estimar. Si no hay reemplazamiento hay que recurrir a otra distribución de probabilidad. Asumiendo un tamaño de la muestra, n, grande y siendo N el tamaño de la población entonces

$$\hat{p} \pm z_{\frac{1+\gamma}{2}} \sqrt{\frac{\hat{p}(1-\hat{p})}{n-1}},$$

Siempre que se asuma que el muestreo es con reemplazo o si no lo es que la fracción de muestreo sea pequeña, $n/N < 0{,}01$. El cuantil de la normal, $z_{\frac{1+\gamma}{2}}$ se calcula de modo semejante al caso anterior. Para $\gamma = 0{,}95$ sería $z_{0{,}975} = 1{,}96$, que a veces por abuso se toma directamente 2.

Ejemplo 1.1. Cálculo del tamaño de muestra para una proporción

Asumiendo muestreo con reemplazamiento, estamos interesados en calcular el tamaño de muestra para que en la estimación de la proporción, el error absoluto que asumamos sea $\delta = 0{,}001$, sabiendo que el valor de $p \approx 0{,}01$. En este caso, para $\gamma = 0{,}95$ se tiene que verificar

$$1{,}96 \sqrt{\frac{0{,}01 \times 0{,}99}{n-1}} \leqslant 0{,}001,$$

lo que nos lleva a tener que considerar un tamaño de muestra.

$$n \geqslant \left(\frac{1{,}96}{0{,}001}\right)^2 0{,}01 \times 0{,}99 + 1 = 3458{,}44.$$

Para otro ejemplo, suponiendo que $p = \frac{1}{2}$ y el error $= 0{,}01$, obtenemos

$$n \geqslant \left(\frac{1{,}96}{0{,}01}\right)^2 \frac{1}{2} \times \frac{1}{2} + 1 = 9605.$$

El error se corresponde con la mitad de la longitud del intervalo y el valor de p es un valor que, a veces, se puede intuir a priori. La peor de las situaciones, que produce mayor tamaño de muestra se obtiene para $p = 1/2$. En caso de no tener ninguna información a priori siempre se puede tomar ese valor. Cuanto más se aleja de ahí, menor es la muestra necesaria.

1.5.3. Contrates de hipótesis

Comenzamos con un ejemplo motivador que puede ayudar a ilustrar el mecanismo de los procedimientos de contraste. Trabajaremos con datos ficticios sobre el bien conocido informe PISA sobre la cualificación de estudiantes de 15 años. En un país llamado Freelandia han realizado la prueba 510 000 estudiantes y la media de las puntuaciones obtenidas ha sido de $\bar{x}_F = 484$. En otro país de referencia la media de puntuaciones ha sido $\bar{x}_R = 494$. Hay una diferencia de 10 puntos sobre puntuaciones cercanas a los 500 puntos. Una pregunta razonable es si ambos países son aproximadamente iguales o si por el contrario en Freelandia deberían llevarse a cabo acciones para mejorar la formación de sus jóvenes estudiantes. Desde un punto de vista estadístico la pregunta sería: ¿Hay diferencias *significativas* entre ambos países o por el contrario son diferencias atribuibles al azar?

La estadística permite dar respuesta de modo riguroso, pero no libre de incertidumbre, a esta pregunta mediante los contrastes de hipótesis. Muchos análisis estadísticos acaban con uno o varios contrastes de hipótesis. Su filosofía es semejante a la de un juicio en el que el juez debe decidir si una persona es o no culpable. Hay dos hipótesis posibles: el procesado es inocente (*hipótesis nula*) o es culpable (*hipótesis alternativa*). El sistema asume inocencia mientras no se demuestra claramente la culpabilidad mediante unas pruebas que en nuestro caso son datos. Cuando se rechaza la hipótesis nula se dice que el contraste es *significativo* (o que hay diferencias significativas). La tabla 1.3 muestra las 4 situaciones posibles, dos de ellas correctas y dos erróneas. De todas ellas la más deseable es la de condenar a un culpable, porque de ese modo se ha resuelto el caso. Dejar en libertad a un inocente es deseable, pero no resultve el caso, el culpable sigue en la calle. Por otro lado, de los dos errores posible el más grave desde el punto de vista judicial sería condenar a un inocente. Es el llamado *error de tipo I* y se procurará siempre que su probabilidad sea muy baja, típicamente de $\alpha = 0,05$. El *error de tipo II* suele utilizarse para encontrar el tamaño de muestra necesario fijando la *potencia de contraste* (complementaria de este error), típicamente en $1 - \beta = 0,8$. Son límites muy admitidos por la comunidad científica, pero son arbitrarios, aunque hay argumentos que los justifican.

Bien, pero ¿cómo se toma la decisión? Los padres de Iker saben cómo hacerlo... ¡Ha desaparecido la tableta de chocolate que compraron esta mañana! Establecen dos hipótesis:

- **Primera hipótesis ("nula")**: Cuando lo compraron esta mañana alguno lo guardó en otro sitio y no se acuerdan dónde.

- **Segunda hipótesis ("alternativa")**: Se la ha comido Iker.

Asumirán que Iker es inocente mientras no se pruebe claramente la culpabilidad (*significativamente* culpable). Reprenderle sin esa seguridad no sería bueno para su educación. Para ello se disponen a la recogida de información (datos). Buscan en otros armarios, bolsas... y no aparece. Convocan a Iker...

		Verdad	
		H_0 **Inocente**	H_1 **Culpable**
	H_0 **Libre**	Inocente libre	Culpable libre **ERROR II**
Sentencia			
	H_1 **Condenar**	Inocente condenar **ERROR I**	Culpable condenar

Tabla 1.3: Analogía de los contrastes de hipótesis con un juicio

que asegura no saber nada de ninguna tableta de chocolate. Con toda la información toman ya una decisión, que nunca es de acierto seguro, pero donde se ha recabado toda la información disponible.

Pongamos un ejemplo más serio, aunque todavía sigue siendo muy simple. Supongamos que nos proponen participar en un juego con apuestas en el que interviene el lanzamiento de una moneda. Lo primero que nos viene a la cabeza es comprobar que esa moneda no está trucada. Aunque la tomemos en nuestra mano y la examinemos con cuidado no es fácil detectar si está cargada. Lo más sencillo sin necesidad de hacer otras pruebas es lanzarla varias veces y observar si el número de caras es aproximadamente igual al de cruces. La hipótesis nula sería que la moneda no esta cargada y por tanto la probabilidad de cara o de cruz es exactamente 1/2, mientras que la alternativa es que sí que lo está en alguna medida. Supongamos que la lanzamos 100 veces y obtenemos 63 caras. Obviamente no esperamos obtener exactamente 50 caras y lo que hemos de valorar es si ese número puede ser debido al azar o si, por el contrario, es muy improbable. Si la moneda no estuviera cargada entonces la probabilidad de obtener exactamente 63 caras es aproximadamente de 3 entre 1000, que es muy baja y nos hace dudar de que la moneda sea correcta. Para este cálculo hemos utilizado la distribución binomial. Pero también la probabilidad de obtener exactamente 50 caras es baja, no llega al 8 %. Es la más probable de todas las posibilidades, pero el hecho de que haya muchas lleva a repartir la probabilidad total de 1 entre todos los sucesos posibles y que a cada uno le corresponda una probabilidad baja. Parece claro que no basta con esta probabilidad para tomar la decisión. Habría que detectar la parte de probabilidad que corresponde a las posibles situaciones de "rareza" cuando se asume la hipótesis nula. En particular, una vez que se tienen los datos, 63 caras en 100 lanzamientos, calcularíamos la probabilidad de que ocurra eso o un suceso más raro (64, 65..., pero también 37, 36... caras) y que en este caso nos da una probabilidad de 0.012. Esta probabilidad se llama *p-valor* y nos sirve para tomar la decisión. Si es muy baja se rechaza la hipótesis nula de moneda correcta y por tanto se admite que está trucada. Habitualmente se pone el límite en 0.05 de modo arbitrario, pero que es admitido por toda la comunidad científica y existen algunas justificaciones más teóricas. El p-valor es una probabilidad condicionada que podríamos definir así:

$$p = P(\text{Obtener estas observaciones o cualquier otras más alejadas de } H_0 | H_0 \text{ verdadera}).$$

En nuestro caso

$$p = P(63 \text{ o más caras o bien } 37 \text{ o menos caras} \mid \text{Moneda no cargada}).$$

Conviene resaltar varias cosas:

1. No hemos necesitado ponernos en las condiciones de H_1 para calcular probabilidades. Esto nos hubiera complicado mucho las cosas puesto que las posibilidades de lo cargada que pueda estar una moneda son infinitas.

2. Podríamos haber planteado la probabilidad en el sentido inverso, que seguiría teniendo sentido,
$$P(H_0 \text{ verdadera} \mid \text{Obtener estas observaciones}),$$
que estarían más cerca de lo que nos pide la intuición. Sin embargo calcular esta probabilidad no es posible, salvo que acudamos a la llamada estadística bayesiana, que excede los límites de este texto.

3. El p-valor no mide la magnitud de la asociación entre dos variables. En el ejemplo del informe PISA podría ocurrir que las diferencias fueran muy significativas, pero al mismo tiempo no suficientemente grandes como para tomar medidas.

4. No rechazar H_0 no significa aceptar H_0. Estrictamente hablando podríamos decir que no tenemos pruebas suficientes para rechazar la hipótesis nula. Más adelante se definirá la potencia de contraste, que sí que podría ayudar a tomar la decisión de aceptar una hipótesis nula.

5. El diseño experimental y el cálculo del tamaño de la muestra necesario son importantes para tener éxito en el rechazo de H_0 cuando es falsa.

		Verdad	
		H_0 **Sin diferencias**	H_1 **Diferencias**
Decisión	H_0 **Sin acción**	Sin acción cuando no hay diferencias	Sin acción cuando hay diferencias **ERROR II**
	H_1 **Tomar acción**	Tomar acción cuando no hay diferencias **ERROR I**	Tomar acción cuando hay diferencias

Tabla 1.4: Contrastes de hipótesis para el informe PISA

Este es un ejemplo "de juguete". En la realidad con frecuencia no tendremos la posibilidad de calcular esta probabilidad de modo tan preciso. Recurrimos entonces a la magia de la estadística que nos proporciona el teorema del límite central y nos permite calcular probabilidades para medias de variables sin distribución de probabilidad conocida.

Volviendo el ejemplo más realista de las puntuaciones de las pruebas PISA, la Tabla 1.3 se traduce ahora a la Tabla 1.4.

Podemos plantear el contraste de esta manera:

$$H_0 \ : \ \mu_F = \mu_R, \tag{1.1}$$
$$H_1 \ : \ \mu_F \neq \mu_R, \tag{1.2}$$

siendo μ_F la media de los alumnos de Freelandia y μ_R la del país de referencia. La hipótesis nula consiste en que las medias de los dos países son iguales, mientras que la hipótesis alternativa consiste en que son diferentes. El sistema asume que no hay diferencias mientras que la evidencia no es suficiente. En el caso de que se detecte evidencia suficiente, se dice que las deferencias son significativas y se rechaza la hipótesis nula.

Llamaremos riesgo α a $\alpha = P(\text{rechazar } H_0 | \ H_0) = P(\text{Error Tipo I})$ y riesgo β a $\beta = P(\text{no rechazar } H_0 | \ H_1) = P(\text{Error Tipo II})$. Cuando las hipótesis son simples, es decir contemplan un solo valor, por ejemplo

$$H_0 \ : \ \mu = 0,$$
$$H_1 \ : \ \mu = 2,$$

las definiciones anteriores son claras. No así con un contraste del tipo

$$H_0 \ : \ \theta = \theta_0,$$
$$H_1 \ : \ \theta \neq \theta_0,$$

en el que los valores posibles de la hipótesis alternativa son infinitos. Para cada valor del parámetro θ podríamos calcular un valor de β distinto. Llamaremos *potencia de contraste* a

		X (Variables explicativas)	
		Cuantitativas	Cualitativas
Y (Variable respuesta)	Cuantitativas	Regresión Correlación	t-test / ANOVA Mann-Withney / Kruskal-Wallis Wilcoxon / Friedman
	Cualitativas (Clasificación)	Análisis Discriminante Logit, Probit...	Prueba exacta de Fisher chi-cuadrado / log-lineal

Tabla 1.5: Análisis estadísticos frecuentes

$1 - \beta$, que dependerá de cada valor posible de H_1 y también del valor de α (e.g. 0.05) que se haya fijado para rechazar la hipótesis nula.

Siguiendo con el ejemplo ficticio de las puntuaciones de PISA, se tienen las puntuaciones $\bar{x}_F = 484$ y $\bar{x}_R = 494$. Vamos a suponer en un primer momento que hay 500 estudiantes en la muestra de cada país y que las desviaciones típicas han sido $S_F = S_R = 90$. Una vez realizado el proceso para el contraste de hipótesis obtenemos un p-valor de $p = 0,079 > 0,05$. Por tanto, no hay razón para decir que los países se desempeñan de manera diferente. Si las muestras son mucho más grandes, como así ocurre en la realidad, en particular de 510000 estudiantes en cada muestra de cada país, se obtiene un p-valor muy pequeño, $p < 0,001$ y, por tanto, se concluye que el país de referencia es mejor que Freelandia. Esto se suele acompañar del llamado tamaño del efecto, típicamente $\bar{x}_R - \bar{x}_F = 10$ o, de modo más estándar, $\frac{\bar{x}_R - \bar{x}_F}{S} = 0,11$. Ambas medidas le servirán a quien tenga que tomar una decisión.

1.5.4. Modelos estadísticos

Un modelo estadístico mide la influencia de unas variables explicativas, x en una respuesta, y. Es por tanto una relación direccional. En la Tabla 1.5 se detallan los modelos (análisis) estadísticos más básicos y frecuentes atendiendo a la naturaleza de la variable respuesta y las explicativas. Incluyen los modelos paramétricos y también los no paramétricos que se pueden utilizar como alternativa cuando no se cumplen las condiciones básicas para poderlos aplicar. Es de destacar que las variables cualitativas se llaman también categóricas puesto que hacen grupos o categorías para cada uno de sus valores. En el caso de las explicativas generan análisis de comparaciones de grupos y en el caso de la respuesta generan problemas de clasificación.

Capítulo 2

Análisis de potencia y tamaño de muestra

2.1. Potencia de un contraste

Estrictamente hablando este tema no es de diseño de experimentos (DOE), pero vale la pena tratarlo aquí, precisamente para apreciar más la importancia del DOE. Una de las preguntas más frecuentes que nos hacen a los estadísticos es: ¿cuántas observaciones necesito para este estudio? Desgraciadamente no hay una respuesta universal y ahora somos los estadísticos los que comenzamos a preguntar para poder dar respuesta a esa pregunta: ¿Qué tipo de análisis estadísticos quieres hacer? O más fácil para alguien que sabe poca estadística: ¿qué quieres demostrar? Una vez decidido esto, cabría preguntar: ¿Cómo prevés que va a ser la calidad de los datos, es decir, su precisión? ¿De qué orden son las diferencias que quieres detectar? ¿Qué certeza quieres de que los datos consigan demostrar lo que quieres, siempre se sea cierto, claro?

Con un ejemplo muy sencillo, quizá demasiado sencillo, vamos a intentar diferenciar los objetivos del cálculo del tamaño de muestra de los del diseño experimental. Para ello tomamos una m.a. $X_1, \ldots, X_n$. Si queremos estimar la media poblacional y hacer inferencias sobre ella, el estimador más intuitivo es la media muestral: $\hat{\mu} = \bar{X}$. Su varianza, o mejor su desviación típica, nos da una medida del error de estimación, que se denomina *error típico*,

$$\sigma(\bar{X}) = \frac{\sigma}{\sqrt{n}}.$$

Este error aparece cuando calculamos el intervalo de confianza o un contraste de hipótesis sobre la media. Hay dos formas de reducir este cociente. Una es aumentando el denominador, es decir, el tamaño de muestra. Aquí es donde entra en juego el cálculo del tamaño de muestra necesario para conseguir un objetivo marcado por las respuestas a las preguntas anteriores. Aunque el ejemplo es demasiado sencillo para verlo en la práctica, la otra forma de reducirlo

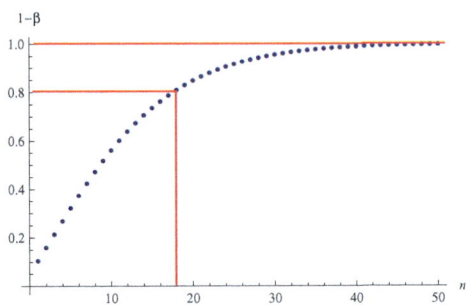

Figura 2.1: Potencia de contraste para distintos tamaños de muestra

es reducir la varianza de las observaciones. Esto es lo que hace el diseño experimental. Tiene dos consecuencias ligadas una a la otra. Un buen diseño ayuda a conseguir mejores resultados estadísticos o bien reduce el tamaño de muestra para conseguir los mismos resultados. De hecho podría dar respuesta a preguntas adicionales como ¿qué presupuesto tienes? o ¿qué impacto medioambiental quieres evitar?

Para entender bien lo que está ocurriendo, consideremos un ejemplo poco realista, pero muy simple. Se consideran datos que provienen de una de dos posibles poblaciones normales con medias en la característica de estudio de 0 o 2, pero no se sabe de cuál de las dos procede. Se busca determinar mediante una muestra de cuál de las dos poblaciones procede:

$$\begin{cases} H_0 : \mu = 0, \\ H_1 : \mu = 2. \end{cases}$$

Se supone además que la desviación típica es conocida e igual a 3, lo que puede ser poco realista. Suponiendo que $\alpha = 0{,}05$ podemos hacer una representación de la potencia de contraste para $\mu = 2$ y diversos tamaños de muestra (Figura 2.1). Si se fijara la potencia de contraste en 0,8, como es habitual, se podría determinar rápidamente el tamaño de muestra necesario, que sería $n = 18$. Es interesante ver que a partir de 30-35 observaciones la potencia de contraste no mejora apenas. Se podría decir que los experimentos que se hagan a partir de hay son un desperdicio de dinero, tiempo y recursos. Esta es una de las razones para calcular el tamaño de muestra.

Supongamos que el tamaño de muestra utilizado es de $n = 10$. parece muy natural calcular la media de esta muestra y tomar la decisión de rechazar H_0 si esta media se aleja de cero y se acerca a 2. Puesto que se ha supuesto que ambas poblaciones son normales, entonces la media será también normal y bajo la hipótesis nula $\bar{X} \sim \mathcal{N}(0, \sigma^2/n) = \mathcal{N}(0, 9/10)$, mientras que, bajo la hipótesis alternativa $\bar{X} \sim \mathcal{N}(2, 9/10)$. La Figura 2.2 muestra una representación de ambas distribuciones y nos permite entender mejor estas definiciones:

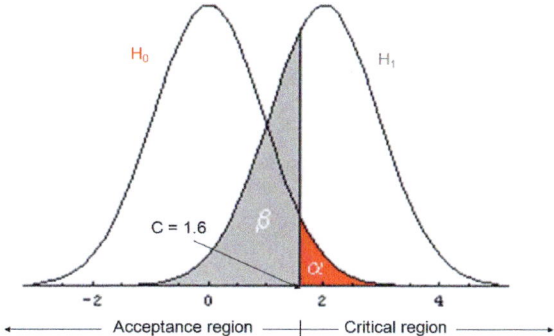

Figura 2.2: Riesgos α y β en un contraste de hipótesis simples

- Riesgo $\alpha = \text{P}(\text{rechazar H}_0|\text{ H}_0) = P(\bar{X} > C|\mu = 0)$ (Error Tipo I).

- Riesgo $\beta = \text{P}(\text{aceptar H}_0|\text{ H}_1) = P(\bar{X} \leqslant C|\mu = 2)$ (Error Tipo II).

- Potencia de la prueba $1 - \beta = P(\bar{X} > C|\mu = 2)$.

El valor C permite tomar una decisión. Sin pensarlo mucho y dando a las dos hipótesis el mismo peso habría que darle el valor $C = 1$ como punto intermedio. Pero la filosofía del contraste de hipótesis nos lleva habitualmente a fijar un límite al Error de tipo I, habitualmente de $\alpha = 0{,}05$. En este ejemplo eso determinaría el valor de C (=1.6) y también la potencia del contraste. Aumentando α disminuye β y al revés. Adicionalmente si aumenta el tamaño de muestra ambas campanas se hacen más apuntadas, se contraen, y ambos errores disminuyen simultáneamente.

2.2. Cálculo del tamaño de muestra

Habitualmente el tamaño de muestra para realizar un contraste de hipótesis se determina fijando las siguientes cantidades:

- Nivel de significación (por ejemplo, $\alpha = 0{,}05$), o, si es el caso y de modo equivalente, el coeficiente de confianza (típicamente, $\gamma = 0{,}95$).

- Potencia del contraste (por ejemplo, $1 - \beta = 0{,}8$). Podríamos decir que es la capacidad que tiene el contraste, junto con los datos, de detectar diferencias, es decir, rechazar la hipótesis nula, cuando las hay.

- Diferencia mínima a detectar (tamaño del efecto). Por ejemplo para un contraste de dos medias, podría ser la diferencia entre ellas (Δ) dividida por la desviación típica (σ). Esto se explicará con más detalle a continuación.

2.2.1. Contraste de una media

Asumiendo que los datos proceden de una distribución normal o bien que el tamaño de muestra que resultará sea grande, se plantea el contraste siguiente:

$$\begin{cases} H_0 : \mu = \mu_0 \\ H_1 : \mu \neq \mu_0 \end{cases},$$

donde μ_0 es un valor fijo de referencia con el que se quiere comparar la media, por ejemplo un valor estándar establecido por algún organismo internacional. En estas condiciones se utiliza un contraste de la t de Student. El estadístico

$$T = \frac{\bar{X} - \mu_0}{S_c/\sqrt{n}}$$

seguirá una distribución t_{n-1} si $\mu = \mu_0$. Si la hipótesis nula no es cierta existen infinitos valores posibles, todos aquellos que sean distintos de μ_0. Cuanto más se acerque el valor verdadero de μ a μ_0 más difícil será detectar diferencias significativas y por tanto se requerirá un tamaño de muestra mayor. Para determinar el tamaño de muestra es por tanto necesario proporcional la mínima diferencia entre la media de la distribución y la referencia que se quiere detectar. Supongamos por tanto que la mínima diferencia que se quiere detectar es Δ ($= |\mu - \mu_0|$), que habitualmente dividimos por la desviación típica para eliminar unidades y para que resulte una medida fácil de interpretar: $d = \Delta/\sigma$. El caso más demandante en cuanto a tamaño de muestra para la hipótesis alternativa sería entonces $\mu = \mu_0 + \Delta$. Bajo esta hipótesis $T - \frac{\Delta}{\sigma/\sqrt{n}}$ seguirá una t_{n-1} y podremos también calcular la probabilidad corresponbdiente a su potencia de contraste. En primer lugar, fijando el valor de α tendremos la ecuación

$$\alpha = P(|T| > C \,|\, \mu = \mu_0),$$

de la que se obtiene el cuantil $C = t_{n-1,1-\alpha/2}$, que podremos utilizar para calcular la potencia de contraste. En particular,

$$\begin{aligned} \beta &= P(|T| < t_{n-1,1-\alpha/2} \,|\, \mu = \mu_0 + \Delta) \\ &= P\left(-t_{n-1,1-\alpha/2} - \frac{\Delta}{\sigma/\sqrt{n}} < T - \frac{\Delta}{\sigma/\sqrt{n}} < t_{n-1,1-\alpha/2} - \frac{\Delta}{\sigma/\sqrt{n}} \,\Big|\, \mu = \mu_0 + \Delta \right) \\ &= F_{t_{n-1}}\left(t_{n-1,1-\alpha/2} - \frac{\Delta}{\sigma/\sqrt{n}} \right) - F_{t_{n-1}}\left(-t_{n-1,1-\alpha/2} - \frac{\Delta}{\sigma/\sqrt{n}} \right), \end{aligned}$$

donde $F_{t_{n-1}}$ es la función de distribución de t_{n-1}. Resolviendo esta ecuación para valores dados de α, $1 - \beta$, Δ y $\hat{\sigma} = S_c$, se puede calcular el valor mínimo del tamaño de muestra n. Aquí nos encontramos con dos problemas. Por una parte, S_c es desconocido, todavía no tenemos los datos. Por tanto, será necesario recurrir a una aproximación a priori. Cuanto mayor sea S_c, mayor será el tamaño de muestra necesario. Por eso hemos de ponernos en la situación más desfavorable con un valor suficientemente alto de modo que sea muy difícil que se alcance. Por otro lado, resolver esta ecuación ha de hacerse con procedimientos numéricos, es decir, ir probando con distintos valores de n hasta que se supere el valor prefijado de $1 - \beta$.

Con frecuencia se ha recurrido a una fórmula aproximada, en la que suponiendo que n es suficientemente grande se aproxima la t_{n-1} por $\mathcal{N}(0, 1)$ y $F_{t_{n-1}}(-t_{n-1, 1-\alpha/2} - \frac{\Delta}{\sigma/\sqrt{n}})$ por cero, entonces

$$n \geqslant \frac{\left(z_{1-\alpha/2} + z_{1-\beta}\right)^2}{\Delta^2/S_c^2}$$

Ejemplo 2.1. Contrastes de una media.

Sea un contraste de una media del tipo:

$$\begin{cases} H_0 : \mu = \mu_0, \\ H_1 : \mu \neq \mu_0, \end{cases}$$

y supongamos que la mínima diferencia que se quiere detectar entre la media y la referencia es de $\Delta = |\mu - \mu_0| \geqslant 0{,}1$. Además, se asume que en el peor de los casos la desviación típica de los datos no sobrepasaría 2, de modo que en la fórmula tomamos $S_c = 2$. Y, como es habitual, se fijan los valores $\alpha = 0{,}05$ y $1 - \beta = 0{,}8$. Entonces $z_{1-\alpha/2} = z_{0,975} = 1{,}96$ y $z_{1-\beta} = z_{0,8} = 0{,}84$, de modo que con la fórmula aproximada:

$$n \geqslant \frac{\left(z_{1-\alpha/2} + z_{1-\beta}\right)^2}{\Delta^2/\sigma^2} = \frac{(1{,}96 + 0{,}84)^2}{1^2/2^2} = 784{,}8.$$

Por tanto, el tamaño de muestra necesario sería 785. Si en lugar de la aproximación se utiliza la fórmula exacta que se vio más arriba, el resultado sería $n \geqslant 786{,}8$ y, por tanto, el tamaño de muestra necesario sería 787, que es ligeramente superior al aproximado. Obsérvese que no es necesario disponer de un valor de μ_0 sino solamente de la diferencia que se quiere detectar.

En el caso de datos apareados, por ejemplo con datos pre-post de unos mismos sujetos, el problema se reduce al de una sola muestra con las diferencias de las puntuaciones en cada sujeto y el contraste se hace comparando la media de las diferencias con cero. Por tanto, el cálculo se puede efectuar con estas mismas fórmulas. El tamaño resultante sería ahora el número de pares, es decir, n antes y n después.

2.2.2. Contraste de dos medias

Ahora se supone que se dispone de dos muestras aleatorias elegidas al azar y de modo independiente de dos poblaciones normales distintas. Se quiere contrastar si las medias de ambas son distintas, es decir,

$$\begin{cases} H_0 : \mu_1 = \mu_2, \\ H_1 : \mu_1 \neq \mu_2. \end{cases}$$

No haremos la deducción del cálculo como hicimos en el apartado anterior, pero es similar, un poco más compleja. Si se suponen varianzas iguales la fórmula aproximada es ahora:

$$n \geqslant 2 \frac{\left(z_{1-\alpha/2} + z_{1-\beta} \right)^2}{\Delta^2/S_p^2},$$

donde n es el tamaño de muestra de cada muestra y S_p^2 es la estimación de varianza conjunta para toda la muestra. Hay también un modo exacto de calcularlo, que es especialmente importante para tamaños de muestra pequeños.

2.2.3. Más de dos medias (ANOVA)

En un capítulo posterior se estudiará el modelo ANOVA que, en en su versión más simple, consiste en contrastar la igualdad de medias en k grupos independientes y con varianzas iguales. La Figura 2.3 muestra la potencia de contraste para un ANOVA con varios grupos en el caso más sencillo de una varianza igual a la unidad y una diferencia mínima a detectar de una unidad. La línea de una potencia del 80 % marca el tamaño de muestra necesario para conseguirla.

2.2.4. Una proporción

En el capítulo anterior ya se ha hecho un cálculo de tamaño de muestra para una proporción para conseguir un intervalo de confianza de un radio determinado. El cálculo del tamaño de muestra para una proporción podría verse desde dos puntos de vista:

1. Para detectar significatividad cuando la diferencia entre la proporción real y la de referencia (p_0) es de Δ.

2. Para que el intervalo de confianza de la proporción estimada sea de longitud 2δ. En este caso es necesaria una estimación inicial de la proporción (p_0). Si no es posible, bastaría ponerse en el peor de los casos, que es $p_0 = 0{,}5$.

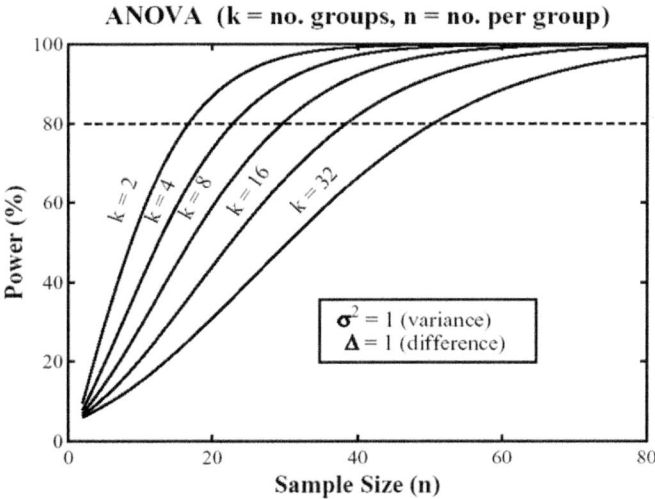

Figura 2.3: Tamaño de muestra para un ANOVA sencillo

El procedimiento de cálculo es similar, solo que el significado de p_0 y δ es distinto, como se ha detallado. Esta idea sirve también para otros parámetros como la media. El valor de Δ se fija, por ejemplo, en un 2 %, 3 %, 4 % ó 5 %, es decir, $\delta = 0,02, 0,03, 0,04$ ó $0,05$. Otros elementos que intervienen en el cálculo son N, tamaño de la población total, n, tamaño de la muestra y z, valor crítico de una distribución normal tipificada.

El muestreo se puede realizar *con reposición*, en cuyo caso cada nueva selección es completamente independiente de lo que haya ocurrido antes. Es lo más deseable, pero a veces esto no es posible, por ejemplo en un control de calidad destructivo, cada vez que se prueba un producto se destruye. En ese caso no hay reemplazamiento o reposición. Estamos en el caso de un *muestreo aleatorio simple*. Si el muestreo es *sin reposición* los análisis son un poco más complejos y en ellos interviene el tamaño de la población total. No obstante, si el tamaño de la población es infinito o muy grande, es decir, N es al menos 100 veces mayor que el tamaño de la muestra, n, entonces se puede considerar como un muestreo con reposición porque la inclusión de la N en las fórmulas apenas tiene impacto.

Se pueden presentar los casos siguientes dependiendo del tipo de muestreo:

1. Muestreo con reposición o N infinito. Como se ha comentado, en la práctica se puede suponer así cuando se prevé que el tamaño de la población, N, va a ser al menos 100 veces mayor que el de la muestra, n). En este caso

$$n \geqslant z^2 p_0 (1 - p_0)/\delta^2$$

2. Muestreo con reposición o N infinito en el peor de los casos ($p_0 = 0{,}5$):

$$n \geqslant z^2/4\delta^2$$

3. Muestreo sin reposición y N finito:

$$n \geqslant Nz^2 p_0(1 - p_0)/[p_0(1 - p_0)z^2 + (N - 1)\delta^2],$$

4. Muestreo sin reposición y N finito en el peor de los casos ($p = 0{,}5$):

$$n \geqslant Nz^2/[z^2 + 4(N - 1)\delta^2].$$

2.2.5.   Dos proporciones

La filosofía es semejante a la anterior en cuanto a los posibles objetivos en el cálculo del tamaño de muestra. Consideramos aquí la idea del contrate de hipótesis, en el que se quieren detectar diferencias significativas para unas supuestas proporciones de p_1 y p_2. Se tienen dos muestras independientes y se busca comparar dos proporciones. Si se fija el nivel de significación α y la potencia de contraste $1 - \beta$ entonces para muestreo con reposición N_1 y N_2 infinitos en el sentido de la sección anterior:

$$n \geqslant \frac{(p_1 q_1 + p_2 q_2)(z_{1-\alpha/2} + z_{1-\beta})}{(p_1 - p_2)^2}.$$

2.3.   Observaciones generales sobre el cálculo del tamaño de muestra

Como se ha visto el cálculo de tamaño de muestra no es una cuestión sencilla. Solamente para el caso de una media los cálculos requieren unas suposiciones importantes y además se acaba recurriendo a una fórmula aproximada. En estadística hay cientos o miles de contrastes de hipótesis posibles. Para algunos de ellos es prácticamente imposible calcular un tamaño de muestra de modo riguroso. Por eso muchas veces se recurre a reglas simples. Por ejemplo, en regresión logística se utiliza una regla simple dada por Peduzzi et al. (1996): Si p es la menor proporción de ceros o unos (e.g. $p = 0{,}2$) y k es el número de covariables en el modelo (e.g. $k = 5$) entonces el tamaño de muestra mínimo que se ha de utilizar es $n = 10k/p$ ($=250$ en el ejemplo).

Incluso en el caso considerado de contraste de dos medias de grupos independientes se ha supuesto que las varianzas son iguales. En un caso práctico habría que comenzar haciendo un contraste de igualdad de varianzas, lo que podría significar un cálculo de tamaño muestral y la decisión de asumirlas iguales o no llevaría a dos contrastes alternativos distintos que requerirían cálculos de tamaño distintos. En este caso podemos ponernos en la peor de las situaciones. Aún así es necesario hacer un buen número de suposiciones como es dar valores a las varianzas desconocidas.

En un estudio determinado hay decenas (o incluso cientos) de pruebas de hipótesis, que no son independientes unas de otras. Rigurosamente, el tamaño de muestra adecuado debería calcularse teniendo en cuenta todo el estudio en su conjunto, lo que resulta imposible y con muchas suposiciones a priori. Dicho todo esto, siempre es mejor un cálculo de muestra limitado que ningún cálculo. A veces se recurre a un simple cálculo como si todo el estudio se redujera a estimar una proporción. No es mucho, pero es algo.

Los *diseños secuenciales* permiten realizar experimentos hasta que sea necesario, lo que reduce el tamaño de muestra y asegura unos resultados precisos. Para ello se requieren cálculos matemáticos más complejos y la posibilidad práctica de hacer los experimentos de modo secuencial a la vez que se rehacen los análisis.

2.4. Potencia de contraste y tamaño de muestra con R

El paquete `pwr.t.test` de R permite calcular indistintamente el tamaño de muestra y la potencia de un contraste de medias de la t de Student. La expresión `d=` espera el valor Δ/σ, mientras que `power=` espera un número con la potencia de contraste, `sig.level=` el nivel de significación y `n=` el tamaño de muestra. La formula aproximada se utiliza en `pwr.norm.test`. En concreto tenemos los siguientes cálculos posibles:

Una muestra (exacta): pwr.t.test(d=Δ/σ, power=1-β, sig.level=α,

type="one.sample", alternative="two.sided")

Una muestra (aproximada): pwr.norm.test(d=Δ/σ, power=1-β, sig.level=α,

alternative="two.sided")

Dos muestras independientes: pwr.t.test(d=Δ/σ, power=1-β, sig.level=α,

type="two.sample", alternative="two.sided")

Muestras apareadas: pwr.t.test(d=Δ/σ, power=1-β, sig.level=α,

type="paired", alternative="two.sided")

Potencia de contraste: pwr.t.test(d=Δ/σ, n=n_0, sig.level=α,

type="one.sample", alternative="two.sided")

Para el **ANOVA de una vía** se puede utilizar `pwr.anova.test(k = 3, f = `Δ/σ`, sig.level = `α`, power =1-`β`)`, donde k es el número de niveles.

Capítulo 3

Modelos lineales

3.1. Todo es regresión

La denominación de *regresión* tiene su origen en un estudio de Galton (Siglo XIX) en el que compara las estaturas de hijos frente a sus antecesores. Observó que las estaturas de los hijos de antecesores altos tienden en promedio a "regresar" hacia una estatura normal. Esto lo estudió con regresión lineal simple mediante una simple línea recta que representa la relación entre una variable x, llamada *explicativa* y una variable y, llamada *respuesta*. Este concepto se generalizó a otros modelos (funciones matemáticas) y se aplicó el método de *mínimos cuadrados (LSE)* para ajustar los valores de los parámetros (término independiente y pendiente en el caso de regresión lineal simple) que lo definen. El método de mínimos cuadrados fue desarrollado por Gauss y Legendre de modo independiente para aproximar trayectorias de planetas a los datos observados con los telescopios. Este procedimiento no tiene en cuenta la estadística, es meramente matemático. Sin embargo, una vez aplicado en el contexto estadístico se demostraron propiedades muy interesantes de los estimadores de los parámetros cuando se asume una distribución de probabilidad genérica de la respuesta cuya media es el modelo matemático y cuya varianza es un nuevo parámetro (*teorema de Gauss-Markov*). El siguiente paso fue asumir distintas distribuciones de probabilidad sobre la respuesta y utilizar el método de *máxima verosimilitud (MLE)* para ajustar el modelo estimando los parámetros que lo definen. Y precisamente bajo la hipótesis de normalidad los estimadores máximo verosímiles coinciden con los mínimo cuadráticos, dándole un nuevo sello de garantía al procedimiento de Gauss y Legendre.

No se ha dicho nada de la distribución de probabilidad de las x, porque de hecho no se utiliza en los procedimientos citados. Si los valores de x son fijados mediante un diseño experimental entonces no son aleatorios, por ejemplo la concentración del sustrato en una reacción química, y por tanto todo le que se ha mencionado es perfectamente correcto. Pero con frecuencia algunas de las variables explicativas son observacionales y tiene asociado un error aleatorio, por ejemplo el peso de una persona. Bajo ciertas condiciones, que suelen cumplirse, se demuestra que los procedimientos anteriores siguen siendo válidos.

Todo esto sigue siendo generalizable a situaciones en que la varianza de las observaciones no es constante y ha de modelizarse también con una función matemática que dependerá de unos parámetros que también hay que estimar. Adicionalmente, si las observaciones de la respuesta no son independientes, como ocurre en una *serie temporal* también podrá modelizarse esa dependencia y los procedimientos pueden ser generalizados.

También es todo esto aplicable a variables cualitativas, tanto en la respuesta como en las explicativas. Las variables cualitativas producen grupos para cada uno de sus valores. En el primer caso tendríamos problemas de clasificación supervisada. En el segundo caso estaríamos comparando la variable respuesta entre los distintos grupos. También podrían ser ambas cualitativas, en cuyo caso el uso de las frecuencias en cada grupo permite desarrollar los llamados *modelos log-lineales*.

Hemos hablado de variable respuesta en singular y de explicativas en plural, pero también se pueden considerar modelos con varias variables respuesta. En ese caso tendremos una función matemática para modelizar cada una de las variables respuesta.

Con todo esto hemos querido dejar claro que el concepto de *modelo estadístico* o estocástico si se prefiere es tan general como considerar que la variable respuesta tiene una distribución de probabilidad contenida en una familia de distribuciones que depende de unos parámetros, que serán el objetivo de la estimación. Un modelo estadístico tratará por tanto de buscar cómo es la influencia de las variables explicativas en las variables respuesta.

Llegados aquí, quizá pueda entenderse mejor el por qué del título de esta sección. No obstante, es importante precisar que nos hemos movido en la llamada *estadística paramétrica*, que es la que consideraremos en este libro. La estadística no paramétrica tiene hoy día especial importancia debido a que las hipótesis para poder aplicarla son más relajadas y el problema tradicional de su mayor coste computacional se ha visto parcialmente solucionado con las altas capacidades de computación actuales.

3.2. Mínimos cuadrados

En las Figuras 3.1, 3.2 y 3.3 se muestra el funcionamiento del procedimiento de mínimos cuadrados en regresión lineal simple:

$$y = \eta(x, \theta) + \varepsilon.$$

El procedimiento de mínimos cuadrados (ordinarios) LSE o OLSE consiste en encontrar

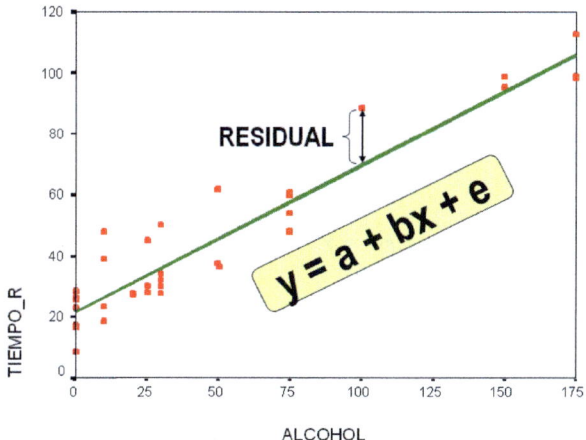

Figura 3.1: Mínimos cuadrados en regresión lineal simple

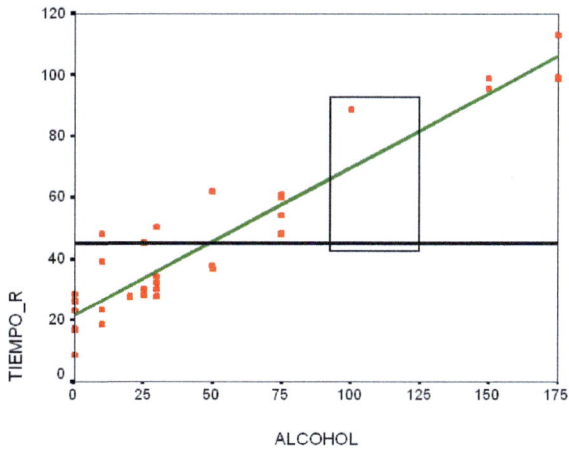

Figura 3.2: Mínimos cuadrados en regresión lineal simple

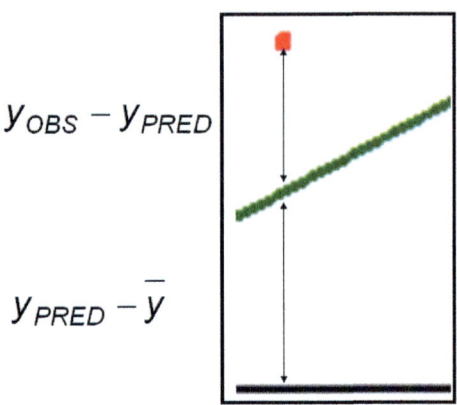

Figura 3.3: Mínimos cuadrados en regresión lineal simple

los valores de los parámetros (θ) que minimizan la suma de cuadrados de los errores:

$$\hat{\theta} = \arg\min_{\theta} Q(\theta) = \sum_{i=1}^{n}[y_i - \eta(x_i, \theta)]^2.$$

Es importante apreciar que como errores no se consideran las distancias de los puntos a la curva, sino simples distancias verticales. Se hace así porque el interés final está en predecir el valor de una y para un x determinado mediante la función $\eta(x, \theta)$, de modo que lo que resulta de interés para minimizar es la distancia $|y - \eta(x, \theta)|$.

En ocasiones la precisión de la respuesta no es constante y por tanto debería darse más peso en esta suma a los valores más precisos. La precisión es inversa a la varianza (e.g. $w_i = \sigma_i^{-2}$) y por tanto podría considerarse la siguiente función a minimizar

$$\hat{\theta} = \arg\min_{\theta} Q(\theta) = \sum_{i=1}^{n} w_i[y_i - \eta(x_i, \theta)]^2.$$

Esto da lugar a los estimadores mínimo cuadráticos ponderados (WLSE). Podrían utilizarse otros pesos con otra motivación. En todo caso es importante precisar que previamente estos pesos han de estimarse de alguna manera o bien se han de modelizar con otra función paramétrica, de modo que sus parámetros se estimarían también en el mismo acto.

Un nivel adicional es cuando se consideran observaciones que están correlacionadas entre sí, por ejemplo la serie temporal de valores en bolsa diarios durante 12 meses. En este caso se utilizan mínimos cuadrados generalizados (GLSE), donde $w_{ij} = \sigma^{ij}$, siendo σ^{ij} el elemento (i, j) de la inversa de la matriz de covarianzas de las observaciones,

$$\hat{\theta} = \arg\min_{\theta} Q(\theta) = \sum_{i,j} w_{ij}[y_i - \eta(x_i, \theta)][y_j - \eta(x_j, \theta)].$$

3.3.   Modelos lineales

Entre todos los posibles modelos, vamos a estudiar el caso más sencillo de los modelos lineales. Es el más sencillo, pero lo relativo a estos modelos es aplicable si se tiene en cuenta que un modelo no lineal habitualmente se puede aproximar localmente por un modelo lineal. Esto ha de hacerse con mucho cuidado, pero es de una potencialidad muy grande. Sea y una variable respuesta univariante y sea x el vector de variables explicativas, que pueden ser controlables por el experimentador o bien observadas en una muestra aleatoria. Un *modelo lineal* describe una relación entre los valores de y y los de x, o mejor, la forma en que x influye en y mediante una función matemática que es lineal en los parámetros que definen el modelo:

$$y = \theta^T f(x) + \varepsilon, \tag{3.1}$$

donde $\theta^T = (\theta_1, \ldots, \theta_m)$ es el vector de parámetros desconocidos que han de ser estimados a partir de los datos; $f^T(x) = (f_1(x), \ldots, f_m(x))$ es un vector de funciones continuas linealmente independientes (*regresores*), y x es una condición experimental fija (no aleatoria), pero que podría ser también observacional con unas condiciones adecuadas. La respuesta y se asume *normal* con media $\mathrm{E}(y) = \theta^T f(x)$, es decir $\mathrm{E}(\varepsilon) = 0$ y varianza constante $\mathrm{var}(y) = \mathrm{var}(\varepsilon) = \sigma^2$. Esta última propiedad se llama *homocedasticidad*. Además, todas las observaciones se asumen *independientes*. Esta notación no es la más habitual, pero recoge de un modo más genérico y riguroso modelos lineales muy variados:

1. Regresión lineal simple: $y = \theta_0 + \theta_1 x + \varepsilon$, $f^T(x) = (1, x)$, $x \in \chi = [a, b]$.

2. Regresión lineal múltiple con término independiente: $y = \theta_0 + \theta_1 x_1 + \theta_2 x_2 + \theta_3 x_3 + \varepsilon$, $f^T(x) = (1, x_1, x_2, x_3)$, $x \in \chi = [a_1, b_1] \times [a_2, b_2] \times [a_3, b_3]$.

3. Regresión cuadrática: $y = \theta_0 + \theta_1 x + \theta_2 x^2 + \varepsilon$, $f^T(x) = (1, x, x^2)$, $x \in \chi = [a, b]$.

4. Analisis de la varianza (ANOVA) (un factor con 3 niveles):

$$y = \theta_0 + \theta_1 x_1 + \theta_2 x_2 + \varepsilon, \ f^T(x_1, x_2) = (1, x_1, x_2), \ x = (x_1, x_2) \in \chi = \{(0,1), (1,0), (1,1)\}.$$

Por tanto, un modelo lineal asume independencia, normalidad, homocedasticidad y por supuesto linealidad de la media con respecto a los parámetros.

Si los experimentos se realizan en n *condiciones experimentales* $x_1, x_2, \ldots, x_n$ se obtendrán n respuestas: $y_1, y_2, \ldots, y_n$ con los correspondientes errores experimentales aleatorios: $\varepsilon_1, \varepsilon_2, \ldots, \varepsilon_n$. Entonces

$$
X = \begin{pmatrix} f_1(x_1) & \cdots & f_m(x_1) \\ \vdots & \vdots & \vdots \\ \cdots & f_i(x_j) & \cdots \\ \vdots & \vdots & \vdots \\ f_1(x_n) & \cdots & f_m(x_n) \end{pmatrix}, \quad Y = \begin{pmatrix} y_1 \\ \vdots \\ y_i \\ \vdots \\ y_n \end{pmatrix}, \quad \mathcal{E} = \begin{pmatrix} \varepsilon_1 \\ \vdots \\ \varepsilon_i \\ \vdots \\ \varepsilon_n \end{pmatrix},
$$

y (3.1) puede expresarse en forma matricial de la manera siguiente:

$$
Y = X\theta + \mathcal{E}.
$$

Observación 3.1. *En la literatura clásica de modelos lineales, $f_j(x_i)$ se denota habitualmente como x_{ij}. La notación $f_j(x_i)$ se refiere directamente al espacio de diseño, χ, del que se selecciona x_i, lo que es más conveniente desde el punto de vista del diseño experimental.*

Los parámetros de un modelo estadístico pueden estimarse utilizando mínimos cuadrados (LSE) o máxima verosimilitud (MLE). Para un modelo lineal ambos estimadores coinciden para los parámetros que modelizan la tendencia. La razón es que la log-verosimilitud del modelo lineal es

$$
\ell(\theta, \sigma^2) = -\frac{n}{2} \log(2\pi\sigma^2) - \frac{1}{2\sigma^2}(Y - X\theta)^T(Y - X\theta).
$$

Los valores de θ que maximizan esta función son los que minimizan

$$
Q(\theta) = (Y - X\theta)^T(Y - X\theta) = \sum_{i=1}^{n}(y_i - \theta_1 x_{i1} - \theta_2 x_{i2} - \cdots - \theta_m x_{im})^2,
$$

que corresponde a la función de mínimos cuadrados. Conviene recordar que x_1 podría corresponder a una constante igual a 1, de modo que θ_1 sería el término independiente. Otras muchas situaciones están también incluidas en esta notación.

Derivando cualquiera de las dos funciones e igualando a cero se obtienen las ecuaciones normales:

$$
X^T(Y - X\theta) = 0,
$$

o de modo desarrollado:

$$
\sum_{i=1}^{n} x_{ij}(y_i - \theta_1 x_{i1} - \theta_2 x_{i2} - \cdots - \theta_m x_{im}) = 0, \ j = 1, \ldots, m.
$$

Más compacto, en términos de los momentos no centrales se tendría:

$$
\begin{aligned}
\overline{x_1^2}\theta_1 + \overline{x_1x_2}\theta_2 + \overline{x_1x_3}\theta_3 + \cdots + \overline{x_1x_m}\theta_m &= \overline{x_1y} \ \cdots \\
\overline{x_mx_1}\theta_1 + \overline{x_mx_2}\theta_2 + \overline{x_mx_3}\theta_3 + \cdots + \overline{x_m^2}\theta_m &= \overline{x_my}.
\end{aligned}
$$

La solución puede expresarse matricialmente como

$$
\hat{\theta} = (X^TX)^{-1}X^TY.
$$

Observación 3.2. *1. Se puede calcular la estimación máximo-verosímil de σ^2, aunque no exista un LSE para ella:*

$$
\frac{\partial L(X,\theta)}{\partial(\sigma^2)} = -\frac{n}{2\sigma^2} + \frac{1}{2\sigma^4}(Y - X\theta)^T(Y - X\theta) = 0,
$$

entonces

$$
\hat{\sigma^2} = \frac{1}{n}(Y - X\hat{\theta})^T(Y - X\hat{\theta}),
$$

2. Este procedimiento es en realidad la proyección del vector Y en el subespacio E_X, lo que da como resultado $\hat{Y} = X\hat{\theta} = X(X^TX)^{-1}X^TY$. El proyector es, por lo tanto, $P = X(X^TX)^{-1}X^T$.

3. Si las observaciones están correlacionadas, con una matriz de covarianzas conocida Σ_Y, todos los resultados anteriores son válidos si la distancia se transforma mediante esta matriz:

$$
||Y - \hat{Y}||_{\Sigma_Y^{-1}} = X^T\Sigma_Y^{-1}\mathcal{E},
$$

y, por lo tanto,

$$
\begin{aligned}
\hat{\theta} &= (X^T\Sigma_Y^{-1}X)^{-1}X^T\Sigma_Y^{-1}Y, \\
\Sigma_{\hat{\theta}} &= (X^T\Sigma_Y^{-1}X)^{-1}.
\end{aligned}
$$

Los Estimadores Mínimo Cuadráticos tienen una propiedad importante incluso sin asumir la normalidad. Esto se debe al célebre teorema de Gauss-Markov. Bajo algunas condiciones, los LSE son los Mejores Estimadores Lineales no Sesgados (BLUE, por sus siglas en inglés), donde el significado específico de estas palabras es:

Estimador lineal: $\tilde{\theta} = CY$, para una matriz C independiente de θ, pero dependiente de X.

Estimador centrado o insesgado: $\mathrm{E}(\tilde{\theta}) = \theta$.

Mejor: 'Minimizando' el Error Cuadrático Medio (MSE), $\mathrm{E}[(\tilde{\theta}-\theta)(\tilde{\theta}-\theta)^T]$. Si el estimador es centrado, entonces $\mathrm{E}(\tilde{\theta}-\theta)(\tilde{\theta}-\theta)^T = \Sigma_{\tilde{\theta}}$. Dado que son matrices, 'minimizar' significa que $\Sigma_{\hat{\theta}} \leqslant \Sigma_{\tilde{\theta}}$ para cualquier estimador lineal centrado $\tilde{\theta}$. La desigualdad es en el sentido de Loewner, lo que significa que $\Sigma_{\hat{\theta}} - \Sigma_{\tilde{\theta}}$ es semidefinida positiva.

Teorema 3.1 (Gauss-Markov). *Las LSE son los BLUEs si se cumplen las siguientes condiciones:*

  i. Las variables explicativas no son aleatorias.

  ii. $E(\varepsilon_i) = 0$ para $i = 1, \ldots, n$.

  iii. $var(\varepsilon_i) = \sigma^2$ para $i = 1, \ldots, n$ (heterocedasticidad). $corr(\varepsilon_i, \varepsilon_i') = 0$ para $i \neq i'$ (observaciones no correlacionadas).

Demostración. Sea $\tilde{\theta} = WY$ un estimador lineal. Definiendo $D = W - (X^T X)^{-1} X^T$ el estimador $\tilde{\theta}$ es centrado si:

$$\theta = \mathrm{E}(\tilde{\theta}) = \mathrm{E}\{[(X^T X)^{-1} X^T + D](X\theta + \varepsilon)\} = [(X^T X)^{-1} X^T + D]X\theta = (I + D)X\theta.$$

Entonces, $DX = 0$ y la matriz de covarianzas de los estimadores es:

$$
\begin{aligned}
\Sigma_{\hat{\theta}} &= W\Sigma_Y W^T \\
&= \sigma^2 W W^T \\
&= \sigma^2 [(X^T X)^{-1} X^T + D][(X^T X)^{-1} X^T + D]^T \\
&= \sigma^2 [(X^T X)^{-1} + (X^T X)^{-1} X^T D^T + DX(X^T X)^{-1} + DD^T] \\
&= \sigma^2 (X^T X)^{-1} + \sigma^2 DD^T,
\end{aligned}
$$

de modo que $\Sigma_{\hat{\theta}} - \sigma^2 (X^T X)^{-1} = DD^T \geqslant 0.$ □

Observación 3.3. *El teorema de Gauss-Markov es aún válido si las observaciones están correlacionadas con varianzas potencialmente distintas. La prueba es similar incluyendo la matriz de covarianzas Σ_Y apropiadamente. En particular, los estimadores y su matriz de covarianzas son*

$$\hat{\theta} = (X^T \Sigma_Y^{-1} X)^{-1} X^T \Sigma_Y^{-1} Y, \ \Sigma_{\hat{\theta}} = \sigma^2 (X^T \Sigma_Y^{-1} X)^{-1},$$

donde Σ_Y es la matriz de covarianzas de las observaciones. Si Σ_Y es diagonal se obtienen los WLSE.

Corolario 3.1. *Si $c \in E_X$, donde E_X es el subespacio vectorial de $\mathbb{R}^m$ generado por las columnas de X entonces $c^T \theta$ es estimable, $c^T \hat{\theta}$ es BLUE y la varianza es $\sigma^2 c^T (X^T X)^{-1} c$. En particular si $c^T = (0 \ldots 0, 1, 0 \ldots 0)$ se obtiene el estimador de un parámetro concreto.*

3.4. Condiciones básicas de los modelos lineales

Estas son suposiciones básicas para poder utilizar un modelo lineal sin riesgo:

- *Linealidad* en los parámetros. Su falta, al igual que las otras tres suposiciones básicas, se puede detectar en el análisis de los residuos.

- Para validar la *homocedasticidad* se pueden utilizar los contrastes de Cochran (para tamaños iguales de los grupos), Levene (robusto y potente), Breusch-Pagan, Bartlett (sensible a la falta de normalidad) o Brown-Forsythe, entre otros.

- Para contrastar la *normalidad* puede utilizarse Kolmogorov-Smirnov con muestras grandes o con la corrección de Lilliefors. Shapiro Wilk es un contraste válido para muestras pequeñas, pero funciona razonablemente bien para muestras grandes. Los gráficos QQ son muy ilustrativos para este propósito. Los puntos, en escala normal han de estar cerca de la línea recta.

- La *independencia* puede contrastarse con el coeficiente de Durbin-Watson para regresión y con el contraste de rachas en general. El coeficiente de Durbin-Watson es un número entre 0 y 4 y el valor 2 corresponde a la mejor situación de independencia. Para tomar la decisión existe un contraste de hipótesis. Para el contraste de independencia es importante resaltar que los datos han de estar ordenados tal y como se han recogido temporalmente. Cada ordenación da resultados distintos.

Existen otros aspectos que se deben tener en cuenta para garantizar la correcta aplicación de los modelos lineales:

- *Colinealidad*: En modelos con más de una variable explicativa se dice que hay colinealidad o multicolinealidad cuando esas variables están linealmente relacionadas. Puede ocurrir que un par de variables estén correlacionadas o bien que una sea combinación lineal del resto. Obviamente no se va a dar una relación perfecta, pero basta que sea aproximada para que la estimación sea problemática. En un caso ideal de relación perfecta la matriz del diseño, X, no tendría rango máximo y entonces la matriz de información $X^T X$ sería singular y no podría invertirse. En la práctica no habrá una relación perfecta y entonces $X^T X$ será regular, pero con un determinante muy pequeño, lo que da muchos problemas al invertir. Por una parte se encontrarían problemas computacionales que no garantizan un cálculo preciso de la inversa y por tanto de los estimadores. Pero incluso si somos capaces de obtener una inversa perfecta, esta tendría un determinante enorme debido a diferencias notables entre sus elementos, siendo algunos muy grandes. Puesto que esta es la matriz de covarianzas de los estimadores, se obtendrían algunos estimadores con un error altísimo. Además algunas correlaciones podrían ser también muy altas en valor absoluto, lo que daría lugar a confusiones entre los estimadores de los parámetros con sesgos notables. Es por tanto muy importante evitar utilizar en el modelo variables en estas condiciones.

Para detectarlo existen diversas técnicas:

- *Factor de inflación de la varianza*:

$$\text{VIF}(i) \;=\; \frac{\text{Var(efecto de } x_i|\text{Regresión múltiple)} \cdot S_R^2(\text{Regresión lineal simple})}{\text{Var(efecto de } x_i|\text{Regresión lineal simple)} \cdot S_R^2(\text{Regresión múltiple})}$$

$$=\; \frac{1}{1 - R_{i\dot{r}}^2} \in [1, \infty),$$

donde $R_{i\dot{r}}^2$ es el coeficiente de determinación de la regresión de la variable x_i sobre el resto de variables independientes. Cuanto más se aleje de 1, mayor será la colinealidad.

- *Tolerancia*: $T(i) = 1/\text{VIF}(i) \in [0, 1]$. Cuanto más se acerque a 0, mayor será la colinealidad. Este índice es más fácil de interpretar al tener una referencia por arriba y otra por abajo.

- *Matriz de correlaciones* R: con los p-valores de los contrastes de incorrelación ayuda a descubrir qué pares de variables tiene alta correlación. No permite descubrir relaciones entre más variables. La diagonal de su inversa proporciona precisamente los VIF: $R^{-1}{}_{ii} = \text{VIF}(i)$. Existe una medida global de la multicolinealidad, que viene dada por el *índice de condicionamiento* de la matriz R:

$$\text{IC} \;=\; \sqrt{\frac{\text{Máximo autovalor de } R}{\text{Mínimo autovalor de } R}} \geqslant 1.$$

Si IC> 30 hay alta colinealidad, si $10 <$IC$\leqslant 30$ hay colinealidad moderada y si IC$\leqslant 10$ entonces la colinealidad es baja.

Para corregirlo se puede utilizar alguna de estas estrategias:

- Utilizar un buen diseño.

- Eliminar variables o regresores, por ejemplo aquellas que tengan un valor de $|T| < 1$.

- Utilizar estadística bayesiana.

- Calcular los componentes principales y hacer la regresión con ellos, o con los que más variabilidad de la respuesta explican, en lugar de las variables originales.

- *Valores atípicos (outliers)*: Son valores demasiado grandes o pequeños en alguna componente, que no serían esperables bajo las condiciones básicas del modelo, especialmente de la normalidad. La existencia de valores atípicos puede ser un indicio de falta de normalidad. Una vez ajustado el modelo se calculan los residuos, que marcan la diferencia entre las observaciones y el modelo ajustado. Sobre estos residuos se efectúan las comprobaciones de las condiciones del modelo y en particular la existencia de valores atípicos. La suma de los residuos es cero por construcción matemática y por tanto su media es también cero. Si se tipifican dividiendo por su desviación típica, un residuo fuera de los límites $[-3, 3]$ indica un potencial valor atípico.

- *Datos faltantes*: Si su falta es puramente aleatoria, es decir, no depende del estudio que se está realizando, entonces se pueden eliminar sin problema, siempre que dejen una cantidad de datos suficiente para los análisis. En otro caso existen procedimientos de "rellenado" mediante los llamados métodos de imputación.

Las desviaciones de las suposiciones básicas tienen más o menos importancia. En particular, se puede decir lo siguiente para cualquier modelo lineal:

- La falta de normalidad no es un problema para tamaños de muestra grandes.

- Si el tamaño de cada grupo en un ANOVA es aproximadamente el mismo (el tamaño más grande no supera el doble del más pequeño), la heterocedasticidad no afecta mucho al contraste ANOVA.

- La dependencia de las observaciones tiene las peores consecuencias. Esto subraya la importancia de la aleatorización y de llevar a cabo una experimentación cuidadosa.

Si no se puede utilizar un modelo lineal en la forma actual, estas son algunas posibles soluciones:

- Transformaciones para lograr normalidad y/o homocedasticidad. Las transformaciones Box-Cox, que incluyen el socorrido logaritmo, son muy adecuadas para esto:

$$h(y) = \begin{cases} \frac{y^\lambda - 1}{\lambda} & \text{si } \lambda \neq 0 \\ \log y & \text{si } \lambda = 0 \end{cases}$$

- Modelos no paramétricos en lugar de los modelos lineales. Un ejemplo típico es la prueba de Kruskall-Wallis en lugar del ANOVA de una vía.

- Utilizar un modelo para la estructura de covarianzas de las observaciones correlacionadas. Una opción puede ser la utilización de la teoría de series temporales o los recursos de la llamada estadística espacial.

3.5. Modelos no lineales

La convergencia de la distribución de los estimadores de máxima verosimilitud (MLE) a la distribución normal, así como el teorema de Cramér-Rao proporcionan un resultado importante para aproximar la matriz de covarianzas de los estimadores a través de la matriz de información de Fisher para modelos no lineales.

Teorema 3.2 (Teorema de Cramér-Rao). *Sea $h(y, x; \theta)$ una familia paramétrica de funciones de densidad de probabilidad (pdf), ya sean de distribuciones absolutamente continuas o discretas, que definen un modelo estadístico. Sea $T(X)$ un estimador de θ, y supongamos que se satisfacen las siguientes condiciones de regularidad:*

i. Para cualquier (y, x) tal que $h(y, x; \theta) > 0$, existe el gradiente:

$$\frac{\partial \log h(y, x; \theta)}{\partial \theta}$$

y todas las componentes son finitas.

ii. Las operaciones de integración con respecto a x y diferenciación con respecto a θ pueden intercambiarse en la esperanza de T, de la siguiente manera:

$$\frac{\partial}{\partial \theta} \int T(x)\, h(y, x; \theta) dy = \int T(x)\, \frac{\partial}{\partial \theta} h(y, x; \theta) dy,$$

siempre que el segundo término sea finito.

Definimos la matriz de información de Fisher (FIM) como:

$$M_\theta = E_h \left[\frac{\partial \log h(y, x; \theta)}{\partial \theta^T} \frac{\partial \log h(y, x; \theta)}{\partial \theta^T} \right] = -E_h \left[\frac{\partial^2 \log h(y, x; \theta)}{\partial \theta^2} \right].$$

Si T es un estimador de θ con valor esperado $\omega(\theta) = E_h(T)$, entonces:

$$\Sigma_T \geqslant \frac{\partial \omega(\theta)}{\partial \theta} M_\theta^{-1} \frac{\partial \omega(\theta)}{\partial \theta^T},$$

con el orden de Loewner.

Este teorema establece una cota inferior de la varianza de cualquier estimador centrado de θ en términos de la inversa de la matriz de información de Fisher y la derivada de la esperanza del estimador con respecto a θ.

Observación 3.4.   *1. Si la estimación es centrada, es decir, $\omega(\theta) = \theta$, entonces $\Sigma_T \geqslant M_\theta^{-1}$.*

2. *La condición ii) del teorema se cumple si se satisface una de las siguientes condiciones:*

   - *La función h está acotada para y, y el soporte de y no depende de θ.*
   - *La función h es continuamente diferenciable en θ, y su integral converge para cada θ.*

3. *El límite se alcanza asintóticamente para los MLE. En particular, bajo condiciones de regularidad:*

$$\sqrt{n}(\hat{\theta} - \theta) \xrightarrow{L} \mathcal{N}(0, M_{\theta}^{-1}).$$

Esto solo es válido para observaciones no correlacionadas, ya que la prueba se basa en el Teorema del Límite Central. Algunos autores han proporcionado condiciones en las que la inversa de la FIM se puede utilizar para aproximar la matriz de covarianza de observaciones correlacionadas, como Pázman (2004, 2007).

Estos son algunos ejemplos de modelos no lineales típicos:

- En el modelo clásico de decrecimiento exponencial falla la linealidad en los parámetros, en concreto en el parámetro α_1: $y = \alpha_0 e^{-\alpha_1 x} + \varepsilon$. Podría seguir cumpliendo las hipótesis de normalidad, independencia y homocedasticidad, pero el cálculo de los MLEs ya no sería tan directo y se requerirían métodos numéricos y además una aproximación de la matriz de covarianzas de los estimadores a partir de la FIM.

- En los modelos lineales generalizados adicionalmente suele fallar también la normalidad. Un ejemplo muy popular es la regresión logística, en la que la variable respuesta sigue una distribución de Bernoulli con dos valores posibles y un parámetro (probabilidad de pertenecer al grupo de referencia) igual a

$$P(\text{"grupo 1"}) = P(y = 1 | x, \alpha_1, \alpha_2) = F(\alpha_0 + \alpha_1 x).$$

3.6. Regiones de Confianza (Región de Confianza)

El elipsoide de confianza de los parámetros proviene de esta matriz,

$$(\hat{\theta} - \theta)^T (X^T X)^{-1} (\hat{\theta} - \theta) \leqslant m F_{m,n-m,\gamma} S_R^2,$$

donde $F_{m,n-m,\gamma}$ representa el cuantil γ (nivel de confianza) de la distribución F; $S_R^2 = \frac{1}{n-m} \sum_{i=0}^{n} e_i^2$ es la *varianza residual* y $\mathcal{E} = Y - X\hat{\theta} = (e_1, \ldots, e_n)^T$ son los *residuos*.

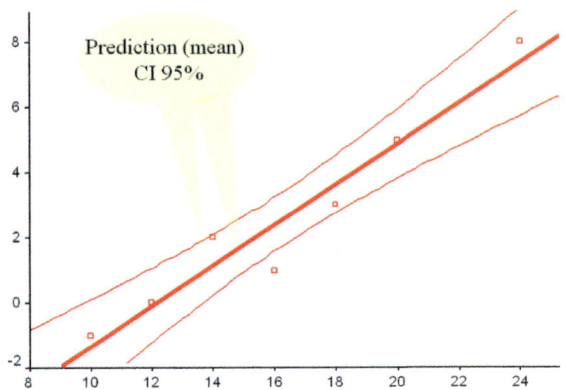

Figura 3.4: Bandas de confianza de la media

La banda de confianza para la media en un valor particular x_i es

$$y_{m,i} = \hat{y}_{m,i} \pm t_{n-m,\frac{\gamma+1}{2}} S_R \sqrt{X_i^T (X^T X)^{-1} X_i},$$

donde X_i^T es la i-ésima fila de X. La Figura 3.4 muestra un ejemplo.

La banda de confianza para una predicción individual en condiciones particulares x_i es

$$y_i = \hat{y}_i \pm t_{n-m,\frac{\gamma+1}{2}} S_R \sqrt{1 + X_i^T (X^T X)^{-1} X_i}.$$

La Figura 3.5 muestra un ejemplo, en el que se aprecia que estas bandas son más anchas que las de la media.

3.7. Regresión y correlación

El *coeficiente de correlación lineal de Pearson* mide el grado de relación lineal entre dos variables cuantitativas. Este coeficiente varía de -1 a 1, siendo 0 sin correlación en absoluto, -1 si entre las variables hay una relación lineal inversa (decreciente) perfecta y 1 si hay proporcionalidad directa. Los contrastes de hipótesis típicos para comprobar si hay correlación o no se basan en la normalidad de las variables. Además, este coeficiente podría no detectar relaciones no lineales (Figura 3.6). Por estas razones, otros coeficientes derivados de él pueden ser más adecuados. El llamado *coeficiente de Spearman* es el coeficiente de Pearson de los rangos, es decir, los números de orden, de las dos variables. Esto significa que se puede utilizar incluso para variables ordinales y las pruebas utilizadas ahora no se basan en la normalidad. Además, este coeficiente detecta relaciones monótonas no lineales.

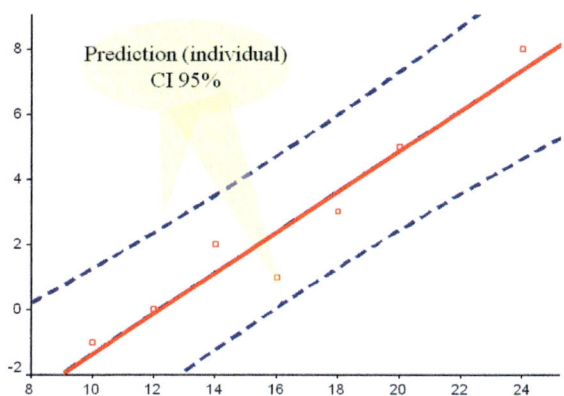

Figura 3.5: Bandas de confianza de una predicción (individual)

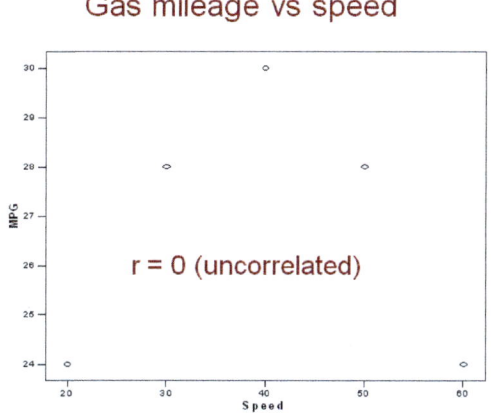

Figura 3.6: Correlación no lineal entre el consumo de gasolina y la velocidad de un automóvil

Es importante destacar que un coeficiente de correlación estadísticamente significativo no implica causalidad. Debe analizarse cuidadosamente. Así, el problema de las relaciones espurias, donde la relación estadística es debida al azar o bien es causada por una tercera variable, puede ser abordado utilizando la *correlación parcial*, que mide la correlación entre dos variables eliminando la influencia de terceras variables.

Para interpretar estos coeficientes, es importante seguir el procedimiento en dos pasos. Primero, se ha de comprobar con el contraste apropiado si es significativo o no. Si es significativo, se ha de utilizar la magnitud del coeficiente. Existe una serie de clasificaciones de esta cantidad, todas ellas convencionales y arbitrarias. Típicamente, se considera una relación 'Fuerte' si el valor absoluto del coeficiente es mayor que 0.6 o 0.7, mientras que se considera 'Débil' si es menor que 0.3. De lo contrario, hay una relación 'Moderada'. Pero esto ha de tomarse con mucha cautela e incluso depende del tamaño de muestra utilizado.

Si hay correlación significativa (lineal o no) entre dos variables, un modelo de *regresión* proporciona la ecuación matemática de la relación. Ejemplos típicos de regresión lineal son:

- Simple: $y = \alpha_0 + \alpha_1 x + \varepsilon$.

- Múltiple: $y = \alpha_0 + \alpha_1 x_1 + \alpha_2 x_2 + ... + \alpha_p x_p + \varepsilon$.

Cuando en un conjunto de datos hay muchas variables explicativas, se puede realizar una regresión paso a paso para seleccionar las variables apropiadas que deben estar en el modelo. Los criterios para seleccionar variables se basan en valores del p-valor, pero también en otros índices, como el *leverage* o índice de influencia, para evitar que dos o más variables redundantes convivan en el modelo.

Estas son algunas observaciones adicionales:

- En regresión lineal simple x e y no son intercambiables puesto que la regresión determina una relación direccional.

- Las variables explicativas, x, se suponen bajo control y por tanto no están sujetas a incertidumbre. Esta hipótesis falla con frecuencia, pero la falta de cumplimento de esta suposición no invalida los resultados en condiciones habituales.

- El modelo fuerza a la realidad de los datos a la forma matemática que se ha elegido, por ejemplo una línea recta. El ajuste puede ser estadísticamente bueno y sin embargo no describir adecuadamente la realidad de los datos.

- La predicción más allá del rango de los datos que se han utilizado para el ajuste es posible, pero ha de hacerse con cautela, por ejemplo usando las bandas de confianza en regresión lineal simple.

3.8. Regresión con R

3.8.1. Regresión lineal simple

La siguiente sintaxis se muestra sin mucha explicación. Alguien con conocimientos mínimos de R y habiendo comprendido los conceptos introducidos en este capítulo debería ser capaz de entender el procedimiento e interpretar los resultados. Se ha de tener el cuenta que copiar y pegar esta sintaxis podría no funcionar. Aunque aparentemente los símbolos copiados parezcan correctos, podrían ser otros con el mismo aspecto, que el editor de R podría no interpretar adecuadamente.

Dataset 1

```
y=c(1006, 1162, 1479, 805, 795, 747, 732, 683, 686, 493, 476, 386, 368)
x=c(5.5, 4.8, 7.8, 8.2, 8.6, 9.7, 9.6,8.9, 11.4, 10.6, 12.7, 11.5, 11.4)
```

Dataset 2

```
y=c(2, 3, 5)
x=c(-1, 0, 1)
```

Dataset 3

```
y=c(1, 2, -1, 0, 5)
x=c(1, 1, 3, 3, 5)
```

Procedimiento

```
regresion1 <-lm(y ~ x)

summary(regresion1)
anova(regresion1)
fitted(regresion1)

plot(fitted(regresion1),rstandard(regresion1))

qqnorm(rstandard(regresion1))
qqline(rstandard(regresion1))

ks.test(rstandard(regresion1), "pnorm") # Muestras grandes (n >= 50)

shapiro.test(rstandard(regresion1)) # Muestras pequenas (n < 50),
    razonablemente bueno para muestras grandes
```

Independencia

```
library(car)
durbinWatsonTest(regresion1)
```

```
library(randtests)
runs.test(rstandard(regresion1))
```

Bandas de confianza

```
newx = seq(min(x), max(x), by = 0.05)

conf_interval <- predict(regresion1, newdata=data.frame(x=newx), interval="
    confidence", level = 0.95)

plot(x, y, xlab="x", ylab="y", main="Regression")
abline(regresion1, col="lightblue")
lines(newx, conf_interval[,2], col="blue", lty=2)
lines(newx, conf_interval[,3], col="blue", lty=2)
```

Extrapolación

```
model1<-y~x
fitted_model1<-lm(model1)

summary(fitted_model1)

plot(model1)
abline(fitted_model1)

predictions<-predict(fitted_model1, data.frame(x<-c(10,20)))
predictions

points(cbind(x, predictions), col="red")
```

3.8.2.   Regresión no lineal

```
x=c(0, 6, 12, 18, 24, 30, 36, 42, 48)
y=c(31.2, 44.4, 49.9, 53.3, 62.7, 87.8, 143.9, 154.7, 279)

plot(x,y)
regresion1 <-lm(y~x)
```

```
6
7   summary(regresion1)
8
9   anova(regresion1)
10
11  plot(fitted(regresion1),rstandard(regresion1))
12
13  qqnorm(rstandard(regresion1))
14  qqline(rstandard(regresion1))
15
16  vcov(regresion1)
17
18  ks.test(rstandard(regresion1), "pnorm")
19
20  shapiro.test(rstandard(regresion1))
```

```
1   library(car)
2   durbinWatsonTest(regresion1)
```

```
1   S=y
2   T=x
3
4   regresion2 <- nls(S ~ p1 * exp(T * p2), start=list(p1=20, p2=0.05))
5
6   summary(regresion2)
7
8   Tc=c(0:49)
9
10  coeffs = coefficients(regresion2)
11  p1=coeffs[1]
12  p2=coeffs[2]
13
14  curve = p1 * exp(Tc * p2)
15  plot(curve, type = "l")
16  points(T,S)
```

3.8.3. Regresión múltiple

```
1   y=c(11, 8, 73, 21, 46, 30)
2   x1=c(-10, 0, 10, -10, 0, 10)
3   x2=c(0, -5, 5, 0, 5, -5)
```

```
4
5  regresion1 <-lm(y~x1+x2)
6
7  summary(regresion1)
8  anova(regresion1)
9
10 plot(fitted(regresion1),rstandard(regresion1))
11
12 qqnorm(rstandard(regresion1))
13 qqline(rstandard(regresion1))
14
15 vcov(regresion1)
16
17 ks.test(rstandard(regresion1), "pnorm")
18
19 shapiro.test(rstandard(regresion1))
```

```
1  newdata = data.frame(x1=15, x2=-7)
2  predict(regresion1, newdata, interval="predict")
```

Ejercicios

Ejercicio 1.

La estatura de un bebé al nacer (en cm) y el periodo de embarazo (en días) son

x	48	49	50	51	52
y	277.1	297.3	281.4	283.2	284.8

Ajustar una recta de regresión y construir intervalos de confianza para sus coeficientes ¿Es lineal la relación?

Ejercicio 2. Considérese los datos

y	9	16	47	28	56	24	10	15
x_1	2	3	4	1	5	6	7	8
x_2	1	2	5	2	6	4	3	4

1. Dibuje un gráfico de y respecto a cada x. ¿Qué conclusiones podrían obtenerse?

2. Construya la ecuación de regresión múltiple y comente los resultados.

Ejercicio 3.

La tabla siguiente proporciona la latitud en grados (L), la altura en metros (A) y la temperatura media anual (T) de seis ciudades marítimas españolas:

	L	A	T
Gijón	43.4	22	13.9
Vigo	43.2	45	14.9
Barcelona	41.3	95	16.4
Valencia	39.5	24	17.2
Almería	36.8	7	18
Cádiz	36.5	30	18

1. Construir e interpretar un modelo de regresión para explicar la temperatura en función de estas dos variables.

2. Calcular R^2 y la varianza residual.

3. Prever la temperatura media de Tortosa sabiendo que la latitud es 40.5 y la altitud 50 m.

Capítulo 4

Análisis de la Varianza

Un modelo lineal con variable respuesta numérica y variables explicativas categóricas, llamadas *factores*, se conoce como *análisis de la varianza (ANOVA)*. El enfoque habitual es ligeramente diferente al de la regresión, pero mediante variables auxiliares binarias podría reducirse a modelos de regresión. Por ejemplo una variable cualitativa con 3 valores o categorías posibles (*niveles*), digamos "animal", "vegetal" y "mineral", puede intercambiarse por dos variables binarias: $x_1 = 1$ y $x_2 = 0$ si se trata de un "animal", $x_1 = 0$ y $x_2 = 1$ si es un "vegetal"; $x_1 = 0$ y $x_2 = 0$ para un "mineral". En este caso, el espacio de diseño se reduce a tres valores posibles $\{(1,0), (0,1), (0,0)\}$. Este factor puede entenderse como un criterio de clasificación en tres grupos: animal, vegetal y mineral. Si interviene otro factor más, tendremos dos criterios para hacer grupos, por ejemplo, el continente de procedencia. De este modo tendríamos 3 grupos respecto al primer factor, 5 grupos respecto al segundo y 15 grupos combinando ambos: animal europeo, animal americano, ..., mineral asiático. El objetivo del ANOVA es probar las diferencias entre las medias de los grupos de acuerdo a cualquiera de esas clasificaciones. Adicionalmente podrían considerase también las interacciones de varios factores en la respuesta.

Básicamente el ANOVA busca la comparación de medias de una variable numérica en varios grupos formados por un criterio de clasificación (ANOVA de una vía) o por varios que también pueden interactuar entre sí.

La mayor parte de la teoría del Diseño de Experimentos (DOE) clásico se ha formulado para este tipo de modelos buscando propiedades deseables de los diseños experimentales y proporcionando diseños específicos, algunos de ellos con nombres propios, para diferentes propósitos o situaciones.

Los posibles valores de un factor se llaman *niveles* y determinan los diferentes grupos. A veces, los niveles se llaman *tratamientos* y la variable correspondiente, *factor de tratamiento*. Cada factor proporciona un *criterio* de clasificación.

Se puede definir el modelo más general de *ANOVA con efectos fijos* de la siguiente manera:

$$
\begin{aligned}
y_{ijk...r} = {} & \mu \\
& + \ \alpha_i + \beta_j + \gamma_k + \ldots \text{(efectos principales)} \\
& + \ (\alpha\beta)_{ij} + (\alpha\gamma)_{ik} + (\beta\gamma)_{jk} + \ldots \text{(efectos de interacción de orden 2)} \\
& + \ (\alpha\beta\gamma)_{ijk} + \ldots \text{(efectos de interacción de orden 3)} \\
& + \ \ldots \\
& + \ \varepsilon_{ijk...r} \text{(error aleatorio + error de especificación)},
\end{aligned}
$$

donde $\varepsilon_{ijk...r} \sim \mathcal{N}(0, \sigma^2)$ son errores independientes. El subíndice r representa las réplicas de un mismo experimento, es decir, en las mismas condiciones experimentales, realizado varias veces de modo totalmente independiente.

En este modelo, α_i, $\beta_j \ldots$ son los *efectos principales* de cada nivel de cada factor, mientras que $(\alpha\beta)_{ij}$, $(\alpha\gamma)_{ik} \ldots$ son los *efectos de interacción* de orden 2 y miden los efectos en la respuesta de la interacción de dos factores. Es importante mencionar que $(\alpha\beta)_{ij}$ no es el producto de los efectos principales $\alpha_i \cdot \beta_j$, sino un parámetro diferente nombrado con dos letras entre paréntesis. El concepto de interacción no significa una relación entre los dos factores, sino cómo afecta su acción conjunta a la respuesta. Las interacciones de orden superior se pueden considerar de la misma manera, aunque la interpretación se vuelve más difícil y suelen ser omitidas en el modelo. En ese caso, los efectos descartados se incorporan parte al resto del modelo, parte al término de error.

Se necesitan las siguientes restricciones, u otras de ese tipo: $\sum_i \alpha_i = 0$, $\sum_j \beta_j = 0$, $\sum_i (\alpha\beta)_{ij} = 0$, $\sum_j (\alpha\beta)_{ij} = 0, \ldots$ Esto significa que los efectos se consideran en relación con la media global μ. Con frecuencia, se considera un nivel basal como referencia, por ejemplo, $\alpha_1 = 0$ o $(\alpha\beta)_{i1} = 0$ para todos los i. Esta es otra alternativa a la anterior en la que ahora cada efecto se mide sobre la referencia del primer nivel.

La filosofía detrás del análisis de estos modelos consiste en separar la *variabilidad total* de las respuestas, VT, sin importar de qué grupo provengan, en la variabilidad explicada por el modelo, VE, y la variabilidad residual (suma de los cuadrados de de los errores) no explicada por el modelo, VNE o también suma de los cuadrados de los errores (MSE): $VT = VE + VNE$. El ajuste del modelo llevará al contraste de la hipótesis de la igualdad de las medias de todos los grupos. Esto bebe realizarse comprobando cuán grande es VE en relación con VNE utilizando la distribución de probabilidad F. Las hipótesis nulas particulares para los efectos principales e interacciones serían las siguientes:

$$
\begin{aligned}
\mathrm{H_0}: && \alpha_i &= 0, \forall i, \\
\mathrm{H_0}: && \beta_j &= 0, \forall j, \\
\mathrm{H_0}: && (\alpha\beta)_{ij} &= 0, \forall i, j, \\
&& \ldots &
\end{aligned}
$$

Fuente	SS	df	$MSS = \frac{SS}{df}$	$F = \frac{MSS}{S_R^2}$	p-value
Factor A	A	$I - 1$	S_A^2	F_A	$P(F_{I-1,g} > F_A)$
Factor B	B	$J - 1$	S_B^2	F_B	$P(F_{J-1,g} > F_B)$
Interacción	C	$(I-1)(J-1)$	S_C^2	F_C	$P(F_{(I-1)(J-1),g} > F_C)$
Modelo	$VE = A + B + C$	$IJ - 1$	S_{VE}^2	F_M	$P(F_{IJ-1,g} > F_M)$
Residual	VNE	$g = IJ(R-1)$	S_R^2		
Total	$VT = VE + VNE$	$IJR - 1$			

Tabla 4.1: Tabla ANOVA para un modelo de dos vías con interacción

Todo este análisis se resume en la llamada tabla ANOVA. La Tabla 4.1 muestra el caso de un modelo de dos vías con interacción.

Una vez realizado el ANOVA, los residuos deben usarse para verificar las suposiciones básicas del modelo (análisis de residuos) de independencia, normalidad y homocedasticidad. Si las suposiciones se cumplen y algunos de los contrastes anteriores son significativos, suele ser necesario realizar algún análisis post hoc para encontrar las diferencias significativas reales que son de interés para el estudio, por ejemplo entre pares de grupos.

Se podrían resumir los pasos a seguir en un ANOVA de la manera siguiente:

- Construir la tabla ANOVA a partir de las estimaciones de los parámetros y de las métricas del modelo.

- Verificar las suposiciones básicas del modelo mediante el análisis de residuos. En particular:

  - Independencia, por ejemplo mediante una prueba de rachas.

  - Normalidad, mediante un contraste de Kolmogorov-Smirnov, o mejor de Shapiro-Wilk.

  - Homocedasticidad, mediante un contraste de Levene o de Cochran.

- Si se cumplen las suposiciones básicas y algunos tests son significativos, entonces debe realizarse un análisis post-hoc para detectar las diferencias significativas de interés, por ejemplo detectar los pares de grupos que tienen una media significativamente distinta. Estos contrastes caen dentro de la categoría de contraste múltiples, que al dispararse en número también se dispara la probabilidad de cometer algún error rechazando una hipótesis nula cuando en realidad es cierta.

- De lo contrario habría que recurrir a otro tipo de análisis, por ejemplo los no paramétricos u otros modelos adecuados a la falta de cumplimiento de esas condiciones.

	T1	T2	T3	T4
B1	2 & 3	3 & 5	4 & 4	1 & 3
B2	3 & 3	4 & 4	5 & 4	2 & 2
B3	5 & 3	4 & 5	5 & 5	3 & 2

Tabla 4.2: Datos de un diseño replicado con dos factores

Ejemplo 4.1. Motores y trabajadores.

Consideremos el siguiente experimento replicado con 3 niveles de un factor de bloque (trabajador) y 4 del factor de tratamiento (tipo de motor). Los datos se muestran en la Tabla 4.2. El análisis se realizará en los siguientes pasos:

1. *Estimaciones de los parámetros y construcción de la tabla ANOVA, que permitirá hacer contrastes sobre los efectos y sobre el modelo globalmente.*

2. *Análisis de los residuos para comprobar las suposiciones básicas del modelo.*

3. *Análisis post hoc, principalmente con los contrastes de Scheffé.*

4. *Interpretación de los resultados.*

Este sería el modelo a ajustar:

$$y_{ijk} \;=\; \mu + \alpha_i + \beta_j + \varepsilon_{ijk}, \; i = 1,2,3,4; \; j = 1,2,3; \; k = 1,2,$$

suponiendo que

$$\sum_i \alpha_i = 0, \; \sum_j \beta_j = 0 \tag{4.1}$$

La Tabla 4.3 se construye haciendo las medias en cada celda. Estas son las predicciones de la respuesta para cada una de las combinaciones de niveles de los dos factores. En particular:

$$\bar{y}_{ij\cdot} = \hat{y}_{ijk} = \hat{\mu} + \hat{\alpha}_i + \hat{\beta}_j$$

$\bar{y}_{ij\cdot}$	T1	T2	T3	T4	$\bar{y}_{\cdot j\cdot}$
B1	2.5	4	4	2	3.125
B2	3	4	4.5	2	3.375
B3	4	4.5	5	2.5	4
$\bar{y}_{i\cdot\cdot}$	3.167	4.167	4.5	2.167	3.5

Tabla 4.3: Medias por celdas, medias por filas y columnas y media global

e_{ijk}	T1	T2	T3	T4
B1	-0.79 & 0.21	-0.79 & 1.21	-0.13 & -0.13	-0.79 & 1.21
B2	-0.04 & -0.04	-0.04 & -0.04	0.63 & -0.38	-0.04 & -0.04
B3	1.33 & -0.67	-0.67 & 0.33	0.00 & 0.00	0.33 & -0.67

Tabla 4.4: Residuos

4.1. Estimaciones de los efectos

Las hipótesis (4.1) ponen como referencia de comparación la media global. En estas condiciones los estimadores máximo-verosímiles son:

$$\hat{\mu} = \bar{y}_{\cdots},$$
$$\hat{\alpha}_i = \bar{y}_{i\cdot\cdot} - \bar{y}_{\cdots},$$
$$\hat{\beta}_j = \bar{y}_{\cdot j\cdot} - \bar{y}_{\cdots}$$

$$\hat{\mu} = 3{,}5,$$
$$\hat{\alpha}_1 = 3{,}167 - 3{,}5 = -0{,}333,$$
$$\hat{\alpha}_2 = 4{,}167 - 3{,}5 = 0{,}667,$$
$$\hat{\alpha}_3 = 4{,}5 - 3{,}5 = 1,$$
$$\hat{\alpha}_4 = 2{,}167 - 3{,}5 = -1{,}333,$$
$$\hat{\beta}_1 = 3{,}125 - 3{,}5 = -0{,}375,$$
$$\hat{\beta}_2 = 3{,}375 - 3{,}5 = -0{,}125,$$
$$\hat{\beta}_3 = 4 - 3{,}5 = 0{,}5.$$

Los residuos se calculan restando a los valores de las observaciones (Tabla 4.2) las medias de cada celda (Tabla 4.3), $e_{ijk} = y_{ijk} - \hat{y}_{ijk}$. Se muestran en la Tabla 4.4. La Figura 4.1 muestra la representación de los residuos frente a las predicciones. De este modo los residuos quedan alineados en cada grupo y de ese modo puede calibrarse mejor la homocedasticidad o la normalidad dentro de cada grupo. A la vista del gráfico no parece que haya razones para rechazar la homocedasticidad.

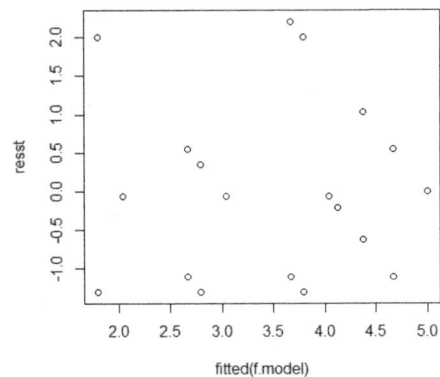

Figura 4.1: Gráfico de los residuos

	df	Sum Sq	Mean Sq	F value	$F_{df,18,0,95}$	Pr$(> F)$
T	3	20.00	6.6667	13.714	3.555	0.0000672***
B	2	3.25	1.6250	3.343	3.160	0.05827
Model	5	23.25	4.650	9.566	2.773	0.000138
Resid.	18	8.75	0.4861			

Tabla 4.5: Tabla ANOVA

El contraste de normalidad de Kolmogorov-Smirnov da una probabilidad alta, p = 0,249, y por tanto no hay razón para rechazar la normalidad. Para contrastar la falta de independencia se realiza un contraste de rachas. Para ello se supone que los datos están en un orden temporal, conforme fueron recogidos. El p-valor es muy alto, p = 0,829, lo que no hace sospechar que haya dependencia. Se asume por tanto la independencia de las observaciones.

La Tabla 4.5 del ANOVA proviene de R. Muestra que tan solo el factor T es significativo. Podría prescindirse entonces del factor bloque, que es una variable que no tiene interés en el estudio. Al tratarse de un factor bloque no se ha considerado en el modelo la interacción.

Los cálculos realizados con R no utilizan la hipótesis (4.1), que pone a la media con referencia de comparación, sino esta otra, que ponen como término de comparación los niveles más bajos de cada factor: $\alpha_1 = 0$, $\beta_1 = 0$. La Tabla 4.6 muestra las estimaciones de los coeficientes y su inferencia. Ahora el parámetro "intercept" no tiene un significado interesante. Es la suma de la media global y el efecto de referencia respecto de ella. Los demás efectos miden la diferencia entre la media de cada grupo y el de referencia. Por ese motivo no aparecen los efectos de los primeros niveles ya que medidos respecto a sí mismos son cero. Por ejemplo el coeficiente 1,3333 en la tabla significa la media del tercer nivel del factor B

Coeficientes:	Estimación	Error estándar	Valor t	Pr(> |t|)
(Intercept)	2.7917	0.3486	8.008	0,000000242***
F1B2	1.0000	0.4025	2.484	0,02305*
F1B3	1.3333	0.4025	3.312	0,00387**
F1B4	-1.0000	0.4025	-2.484	0,02305*
F2T2	0.2500	0.3486	0.717	0.48249
F2T3	0.8750	0.3486	2.510	0,02185*

Error estándar residual: 0.6972 en 18 grados de libertad

R cuadrado múltiple: 0.7266, R cuadrado ajustado: 0.6506

Tabla 4.6: Estimadores de los coeficientes y sus inferencias

	T1	T2	T3
T2	0.22143	-	-
T3	0.04427	1.00000	-
T4	0.22143	0.00140	0.00025

Tabla 4.7: Contrastes con ajuste de Bonferroni

está por encima de la media del primer nivel en esa cantidad. No se suelen utilizar estos contrastes como pruebas post hoc, puesto que no corrigen por contrastes múltiples y además son muy parciales, solo comparan con un grupo control. Puede observarse además algo que parece contradictorio, y es que hay diferencias significativas de todos los niveles de B respecto al primer nivel y sin embargo en el ANOVA no salía significativo este factor. Aparte de lo que ya se ha comentado sobre estos contrastes, este ejemplo resulta muy ilustrativo para mostrar una vez más la debilidad de utilizar la comparación del valor p con un valor arbitrario como es 0.05 para tomar una decisión definitiva e irrefutable. El p-valor en el ANOVA, 0.05827, muy cercano a 0.05 y por tanto no debe desecharse con tanta simpleza. Continuar con los análisis o hacer otros alternativos, así como considerar el tamaño del efecto o el intervalo de confianza, ayudarán a tomar la última decisión, que ha de ser humana necesariamente.

4.2. Comparaciones por pares mediante pruebas t con desviación estándar combinada

Método de ajuste del valor de p: Bonferroni *A la vista de resultados de la Tabla 4.7 podríamos identificar dos grupos posibles respecto al factor T: $\{1, 4\}$, $\{2, 3\}$.*

Comparaciones por pares mediante el contraste de Scheffé

Este es un contraste muy utilizado y recomendable en una gran variedad de situaciones (Table 4.8). Los resultados son semejantes.

i	i'	$\lvert \bar{y}_{i\cdot\cdot} - \bar{y}_{i'\cdot\cdot} \rvert$	$\sqrt{(I-1)F_{I-1,n-I,1-\alpha}S_R^2 \frac{1}{3}}$	p-value
1	2	1	1.22197	0.142
1	3	1,33*	1.22197	0,032*
1	4	1	1.22197	0.142
2	3	0.33	1.22197	0.875
2	4	2*	1.22197	0,001*
3	4	2,33*	1.22197	0,000*

Tabla 4.8: contraste de Scheffé

Residuos:	Min	1Q	Mediana	3Q	Máximo
	-5.5	-2.0	0.0	2.0	5.5

Coefficients:	Estimate	Std. Error	t value	$\Pr(> \lvert t \rvert)$	
(Intercept)	15.6875	0.9902	15.843	2.52e-07	* * *
m	-0.4375	0.9902	-0.442	0.67031	
d	0.5625	0.9902	0.568	0.58557	
tt	4.0625	0.9902	4.103	0.00342	**
m:d	-2.5625	0.9902	-2.588	0.03222	*
m:tt	-0.8125	0.9902	-0.821	0.43567	
d:tt	0.6875	0.9902	0.694	0.50714	
m:d:tt	0.8125	0.9902	0.821	0.43567	

Signif. codes: * * * 0.001, ** 0.01, * 0.05, . 0.1
Residual standard error: 3.961 on 8 degrees of freedom
Multiple R-squared: 0.7638, Adjusted R-squared: 0.5572
F-statistic: 3.697 on 7 and 8 DF, p-value: 0.04341

Tabla 4.9: Resultados del ajuste ANOVA a los datos de resistencia de un clip

Ejemplo 4.2. Resistencia de un clip

Se quiere evaluar la influencia de tres factores en la resistencia de un clip. Por una parte se dispone de clips de dos fábricas distintas (factor m), con dos diámetros distintos (factor d) y con o sin tratamiento térmico (factor tt). Con el software R realizaríamos el ajuste ANOVA de la forma siguiente:

```
lm(formula = y   m + d + tt + m * d + m * tt + d * tt + m * d * tt),
```

donde $\alpha*\beta$ corresponde a la interacción de ambos factores. No es el producto de los efectos principales, aunque sería una manera, mas restrictiva, de medir un tipo de interacción.

Los resultados se muestran en la Tabla 4.9

Puesto que algunos contrastes han resultado significativos, antes de proceder a su interpretación comprobaremos que los supuestos básicos del modelo son correctos mediante un

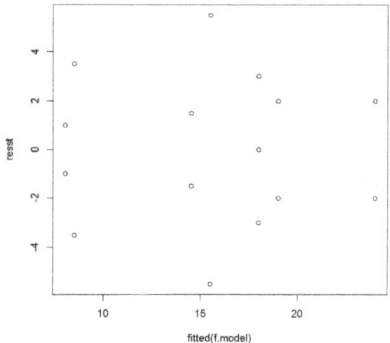

Figura 4.2: Residuos versus predicciones

gráfico de residuos tipificados (4.2). Tomar los residuos o sus valores tipificados no afecta al aspecto del gráfico. La ventaja de los tipificados es que podemos detectar como candidatos a outliers aquellos que están fuera del intervalo $(-3, 3)$. En el mejor de los casos este gráfico debería mostrar una situación completamente aleatoria. No se aprecia nada que desmienta claramente esa suposición. Ahora conviene hacer contrastes de hipótesis adecuados para confirmar todas las condiciones básicas. En particular, el contraste de Bartlett para homogeneidad de varianzas nos da un valor del estadístico de 1.7279 con un p-valor $p = 0{,}1887$, lo que nos lleva a decir que no hay evidencias suficientes para rechazar la igualdad de varianzas, de modo que podemos seguir adelante como si se cumpliera la homocedasticidad.

La Figura 4.3 muestra un gráfico de probabilidad normal escalada de modo que el ajuste a la línea recta muestra mayor conformidad con la distribución Normal. Conviene siempre hacer algún contraste de hipótesis para reafirmar la idea que se aprecia en la gráfica. El contraste de normalidad de Kolmogorov-Smirnov proporciona una valor del estadístico que mide la diferencia entre la distribución de los datos y una distribución normal igual a 0.3082 con un p-valor valor de $p = 0{,}07581$. Está en el límite de no rechazo y por tanto con una significación típica de 0.005 asumiríamos normalidad.

Los contrastes que se hacen para contrastar las condiciones básicas tienen como hipótesis nula la condición que queremos contrastar. Por ese motivo el espíritu detrás de ellos es que asumiremos las condiciones básicas salvo que se demuestre claramente que son falsas. Con frecuencia se suelen utilizar otros niveles de significación más exigentes, como 0.1 o incluso 0.2.

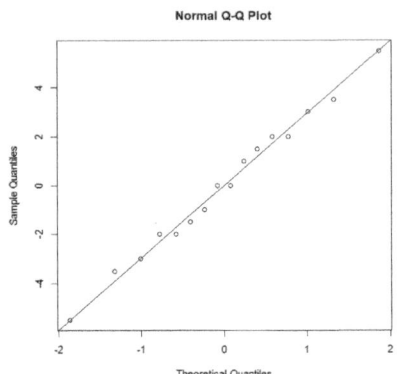

Figura 4.3: Gráfico Q-Q para normalidad

4.3. Análisis de la covarianza

En la práctica ni todas las variables explicativas son numéricas ni todas son cualitativas. Lo más habitual es que sea necesario integrar en un solo modelo variables de ambos tipos. Esto se suele llamar análisis de la covarianza (ANCOVA) y sigue siendo un modelo lineal. Podríamos decir que en cada uno de los grupos formados por los factores se ajusta un modelo de regresión con las variables numéricas, que a veces se denominan *covariables*. Este modelo conjunto permite comparar los modelos entre grupos. El ejemplo más sencillo posible es muy ilustrativo. Si se tienen dos grupos y se hace una regresión lineal simple en cada uno, podría interesar comparar si las dos rectas son idénticas o también si tienen la misma pendiente aunque no sean idénticas. En este último caso serían paralelas y mostrarían una misma velocidad de crecimiento, aunque en cada grupo tendría distinta escala.

4.4. ANOVA con R

La siguiente sintaxis se muestra sin mucha explicación. Alguien con conocimientos mínimos de R y habiendo comprendido los conceptos introducidos en este capítulo debería ser capaz de entender el procedimiento e interpretar los resultados. Se ha de tener el cuenta que copiar y pegar esta sintaxis podría no funcionar. Aunque aparentemente los símbolos copiados parezcan correctos, podrían ser otros con el mismo aspecto, que el editor de R podría no interpretar adecuadamente.

4.4.1.   Un factor

```
1  F1=c('A','A','A','A','A','B','B','B','B','B','C','C','C','C','C')
2  y=c(16,14,42,38,23,27,30,26,20,76,61,49,47,63,65)
3
4  f.model <- lm(y ~ F1)
5
6  anova(f.model)
7  summary(f.model)
8
9  resst=rstandard(f.model)
10 plot(resst ~ fitted(f.model))
11
12 qqnorm(resst)
13 qqline(resst)
14
15 ks.test(resst, "pnorm")
16
17 shapiro.test(resst)
18
19 bartlett.test(resst ~ F1)
20
21 pairwise.t.test(y, F1, p.adjust="bonferroni")
22
23 fm=aov(y ~  F1)
24 TukeyHSD(fm)
25
26 library(DescTools)
27 ScheffeTest(x=fm)
```

4.4.2.   Dos factores

Dataset 1

```
1  F1=c('A','A','A','A','B','B','B','B','C','C','C','C','D','D','D','D','E','E'
        ,'E','E')
2  F2=c('a','b','a','b','a','b','a','b','a','b','a','b','a','b','a','b','a','b'
        ,'a','b')
3  y=c(23, 30,  25,31,42,45,44,50,37,39,38,39,41,44,42,49,20,24,25,30)
```

Dataset 2

```
1  F1=c('A','A','B','B')
2  F2=c('a','b','a','b')
3  y=c(1,3,2,6)
```

```
1   f.model <- lm(y ~ F1 + F2 + F1*F2)
2   anova(f.model)
3
4   summary(f.model)
5
6   pairwise.t.test(y, F1, p.adjust="bonferroni", pool.sd = T)
7   pairwise.t.test(y, F2, p.adjust="bonferroni", pool.sd = T)
8
9   resst=rstandard(f.model)
10  plot(resst ~ fitted(f.model))
11
12  qqnorm(resst)
13  qqline(resst)
14
15  ks.test(resst, "pnorm", exact = NULL)
16  ks.test(resst, "pnorm", exact = TRUE)
17
18  bartlett.test(resst ~ F1)
19  bartlett.test(resst ~ F2)
20
21  f.model <- lm(y ~ F1 + F2)
22
23  anova(f.model)
24  summary(f.model)
25
26  pairwise.t.test(y, F1, p.adjust="bonferroni", pool.sd = T)
27  pairwise.t.test(y, F2, p.adjust="bonferroni", pool.sd = T)
28
29  resst=rstandard(f.model)
30  plot(resst ~ fitted(f.model))
31
32  qqnorm(resst)
33  qqline(resst)
34
35  ks.test(resst, "pnorm")
36
37  bartlett.test(resst ~ F1)
```

```
38 bartlett.test(resst ~ F2)
```

4.4.3. Regresión vs. ANOVA

```
1 y= c(20,8,23,21,46,30,66,35)
2 x1=c(10,10,10,10,100,100,100,100)
3 x2=c(0.1,0.2,0.1,0.2,0.1,0.2,0.1,0.2)
4 x1=factor(x1)
5 x2=factor(x2)
6
7 regresion1 <-lm(y ~ x1+x2)
8 summary(regresion1)
9
10 regresion1 <-lm(y ~ x1+x2+x1*x2)
11 summary(regresion1)
```

4.4.4. ANCOVA

```
1 F=c('A','A','A','A','B','B','B','B','C','C','C','C','D','D','D','D','E','E',
     'E','E')
2 X=c(2, 3, 2,3,4,4,4,5,3,3,3,3,4,4,4,4,2,2,2,3)
3 y=c(23, 30, 25,31,42,45,44,50,37,39,38,39,41,44,42,49,20,24,25,30)
4
5 f.model <- lm(y ~ X + F)
6
7 anova(f.model)
8 summary(f.model)
9
10 pairwise.t.test(y, F, p.adjust="bonferroni")
11
12 resst=rstandard(f.model)
13 plot(resst ~ fitted(f.model))
14
15 qqnorm(resst)
16 qqline(resst)
17
18 ks.test(resst, "pnorm")
19
20 shapiro.test(rstandard(f.model))
```

```
21
22  durbinWatsonTest(f.model)
23
24  bartlett.test(resst ~  F)
25
26  f.modelf <- lm(y ~ factor(X) + F)
27
28  anova(f.modelf)
29  summary(f.modelf)
```

Ejercicios

Ejercicio 1.

Se mide la temperatura de una mezcla con cuatro termómetros, obteniéndose los datos siguientes: T_1: 63, 63, 62, 65, 66; T_2: 64, 64, 63, 64, 65; T_3: 58, 59, 59, 68; T_4: 61, 61, 62, 60, 63.

a) ¿Se pueden considerar iguales los cuatro termómetros?

b) Repetir el problema eliminando el tercer termómetro. Explicar los resultados

c) Calcular los residuos de (a) y comprobar si verifican las hipótesis que se les suponen

Ejercicio 2.

Trece alumnos de similares características se asignan al azar a tres métodos de aprendizaje, obteniéndose los siguientes resultados en el examen posterior:

Método 1	Método 2	Método 3
7.72	8.01	7.91
7.98	7.93	8.32
7.85	8.15	8.12
7.87	8.09	8.28
		8.23

a) ¿Se puede concluir que los métodos son distintos?

b) Efectuar el contraste por el método de Bonferroni, para $\alpha = 0,03$.

Ejercicio 3.

Se mide la resistencia de cierto tipo de tela, obtenida con cuatro procedimientos distintos. Para ello se toman tres piezas de tela fabricadas con cada procedimiento, resultando (expresadas en unidades convenientes) unas medias de 1, 2, 3 y 4 en los respectivos grupos, y unas cuasivarianzas dentro de cada grupo de 1, 4, 4 y 1 respectivamente.

1. Representar la tabla ANOVA correspondiente.

2. ¿Se pueden considerar iguales los cuatro métodos de fabricación?

3. Si se hubiera tomado el doble de muestras en cada grupo, obteniéndose las mismas estimaciones para las medias y varianzas de grupo, ¿cuál sería el resultado? Calcular la tabla ANOVA correspondiente.

4. En el caso de que alguno de los dos contrastes ANOVA resulte significativo, efectuar el contraste múltiple con la corrección de Bonferroni para identificar entre qué grupos hay diferencias, sabiendo que el contraste es significativo si

$$|\bar{y}_{i\cdot} - \bar{y}_{j\cdot}| > s_R \, t_{n-I, 1-\frac{\alpha}{2}} \sqrt{\frac{1}{n_i} + \frac{1}{n_j}}$$

Nota: La varianza residual s_R^2 se puede calcular a partir de las cuasivarianzas dentro de cada grupo s_i^2 mediante la siguiente fórmula:

$$s_R^2 = \sum_{i=1}^{I} \frac{n_i - 1}{n - I} s_i^2$$

Ejercicio 4.

¿Cuántos días habrá que observar una cadena de producción con 8 líneas de producto distintos tomando una observación por línea y día para que se detecte como significativa una variabilidad relativa del 10 % (es decir, $R^2 = 0{,}1$) debida a la línea?

Ejercicio 5.

Para comprobar el desgaste de cuatro tipos de neumáticos ($T_1,...,T_4$) se seleccionan tres coches (que tomamos como variable bloque), colocando en orden aleatorio los cuatro tipos de neumáticos en cada coche. Al cabo de 10000 km se mide el desgaste de los neumáticos en cada coche, obteniéndose los siguientes resultados, expresados en unidades convenientes:

	B_1	B_2	B_3
T_1	18	9	15
T_2	23	19	12
T_3	22	21	20
T_4	33	27	21

t	x	y
1	34	85
1	55	95
1	45	85
1	55	75
1	25	75
2	34	55
2	35	65
2	44	65
2	19	35
2	25	45
3	38	75
3	27	75
3	14	55
3	45	75
3	25	75

Tabla 4.10: Datos de la producción de una sustancia de interés industrial. Ejercicio 1.

¿Qué podemos deducir del experimento?

Ejercicio 6.

En la Tabla 4.10 se presentan los datos de un experimento realizado para estudiar la cantidad de cierta sustancia de interés industrial producida (y) en una reacción química en función de la cantidad de uno de los reactivos (x) y la técnica de granulación empleada (t).

Analice los datos proporcionados y conteste a las siguientes cuestiones.

a) ¿La proporción entre la cantidad de reactivo y la cantidad de producto obtenida depente de la técnica de granulación empleada? Si es así, ¿para qué técnica de granulación se obtiene la mayor eficiencia de la reacción?

b) De acuerdo al resultado de la pregunta anterior, ¿sería más adecuado emplear un modelo con interacción o sin interacción? Justifique su respuesta y utilice dicho modelo en los apartados siguientes.

c) Escriba las ecuaciones de las rectas de regresión para cada una de las técnicas de granulación.

d) ¿Qué cantidad de producto se espera obtener para una reacción con 45 unidades de reactivo granulado con la técnica 2?

e) En un artículo científico se asegura que, para 50 unidades de reactivo, con técnica de granulación 3, la reacción solamente es capaz de producir 70 unidades de producto. ¿Podemos refutar esa afirmación con los datos disponibles?

f) Para una reacción con técnica de granulación tipo 1, ¿qué cantidad de reactivo sería necesaria para producir 75 unidades de producto?

Capítulo 5

Introducción al diseño de experimentos

5.1. Ideas generales sobre la recogida de datos

La planificación de la recogida de datos y en general del estudio que se desea realizar es crucial para el éxito de la investigación. Suele distinguirse entre datos observacionales y datos experimentales. Los primeros son los propios del muestreo. Dos ejemplos típicos son las encuestas o los datos del mercado de valores. Vienen dados. No tenemos la posibilidad de controlarlos. En cambio los datos experimentales provienen de una experimentación después de haber fijado a nuestro gusto las condiciones experimentales, que no son otra cosa que los valores de las variables explicativas. Como ejemplo podemos considerar la modelización del tiempo de reacción a diferentes intensidades de un estímulo o la resistencia de un material al estrés mecánico.

Se enuncian aquí algunos consejos y observaciones en la recogida de datos, aplicable a ambos tipos de datos:

1. Lo primero que hay que preguntarse es qué se quiere estudiar, es decir cuál es el *problema* que nos planteamos. Un buen alumno de doctorado llamaba a veces a su director de tesis a horas intempestivas y comenzaba diciendo: "tenemos un problema". Su director siempre le respondía que eso es una buena noticia. En investigación, tener un buen problema que resolver es una joya. Por eso es importante definir bien qué se quiere demostrar, es decir las *hipótesis* que se quieren contrastar. El procedimiento estadístico, llamado también análisis o mejor *modelo* determinará las bases de la recogida de datos.

2. Identificar las variables que son necesarias, entre las que habrá variables demográficas y otras más específicas del campo de estudio, como pueden ser características clínicas, tratamientos, metodologías...

3. Señalamos algunos errores, que aunque parezcan obvios, se comenten con frecuencia:

a) Recoger pocos datos, a veces por alguna urgencia motivada por plazos que hay que cumplir. Para esto ya se ha mencionado la metodología de calculo de tamaño de muestra.

b) Olvidarse de recoger datos de posibles variables confusoras, mediadoras, moderadoras, intervinientes, extrañas..., que de hecho influyen en el modelo y su omisión puede generar sesgos relaciones causa efecto inexistentes. No es el objeto de este libro proporcionar estos conceptos.

c) Aunque pueda parecer contradictorio, puede darse el caso de recoger demasiados datos, por ejemplo midiendo variables con poca variabilidad o con demasiada variabilidad, que al final no sirven para nada. Este afán de recoger grandes cantidades de datos puede generar muchos datos perdidos en variables que sí son de mucho interés. Aunque los datos perdidos en una variable no sean muchos, puede ocurrir que haya muy pocos sujetos con datos completos en las variables necesarias. También suele generar este proceso que algunos datos no se recojan de manera consistente, por ejemplo con cambios en los criterios de recogida.

4. Es muy buena práctica hacer un manual de recogida de datos, lo más sencillo que sea posible, sin dejar cabos sueltos. Incluirá las siguientes características:

a) Puede ser muy ilustrativo elaborar una ficha de recogida de datos para cada sujeto o experimento.

b) Las observaciones de los sujetos han de ir en las filas de una hoja de cálculo y variables en las columnas.

c) Codificar las categóricas.

d) Las unidades han de ser consistentes para las variables continuas.

e) Elaborar un diccionario de datos:

1) Variables de una sola palabra, que no empiece por un número, que sea explicativa y fácil de recordar, lo larga que sea necesaria pero cuanto más corta, mejor.

2) Descripciones.

3) Tipo de variable.

4) Explicación de los valores posibles.

f) No usar colores, que en general el software de análisis no puede distinguir.

g) Las preguntas con posibilidad de seleccionar mas de una opción necesitan una columna para cada opción.

5. Plataformas como REDCap permiten almacenar bases de datos de modo seguro, en un formato intuitivo, basada en la web y con multiacceso.

5.2. Importancia de diseñar un experimento

¿Por qué invertir tiempo, recursos humanos y económicos en hacer una buena planificación de la experimentación? La frase "piensa antes de actuar" da una respuesta cargada de sentido común y aplicable a muchos campos de la vida, también a la experimentación. A medio plazo un buen diseño experimental permite ahorrar tiempo, dinero y riesgo en los análisis estadísticos. También permite hacer el análisis correcto. Ronald Fisher, padre del diseño experimental, solía decir que "llamar al estadístico después de que el experimento esté hecho es pedirle que realice una autopsia: puede que solo pueda decir de qué murió el experimento". Hace unos años se levantó una fuerte controversia sobre la reproducibilidad de los estudios científicos. Algunos investigadores constataron que al tratar de reproducir algunos (muchos) estudios científicos, exactamente en las mismas condiciones, no llevaban a las mismas conclusiones. Esto parece (y es) grave. Hay explicaciones de causas no fraudulentas de este comportamiento. Un ejemplo es el llamado "sesgo de publicación", que resulta de publicar solo lo que sale bien mientras muchos estudios que no han dado los resultados que se esperaban van a al cubo de la basura. Por tanto, no se trata necesariamente de una práctica fraudulenta, en muchos casos, pero sí de una práctica que claramente atenta contra el avance y el rigor de la ciencia. En un artículo publicado en la prestigiosa revista Nature, titulado "Manifiesto por la ciencia reproducible" (Munafo et al., 2017) destaca la necesidad de diseñar bien el estudio y da una serie de recomendaciones. La palabra *diseño* aparece 25 veces en 7 páginas, aunque para ser sinceros no siempre se refiere al diseño experimental, sino al diseño del estudio en su conjunto.

Veremos a continuación algunos ejemplos que enseñan a valorar la importancia de hacer un diseño experimental antes de proceder a la experimentación y recogida de datos. Comenzamos con el ejemplo clásico de la balanza.

Ejemplo 5.1. Diseño de la balanza.

Supondremos que queremos estimar el peso de dos objetos. Para ello disponemos de una balanza con dos platos. En uno de ellos se sitúa el objeto que se quiere pesar y en el otro se van poniendo los contrapesos que nos darán una estimación del peso real. El peso real es siempre imposible de determinar de modo exacto. Por muy precisa que sea la balanza siempre habrá un pequeño error asociado. Podríamos utilizar el siguiente modelo para reflejar esta situación:

$$y = P + \varepsilon,$$

donde P es el verdadero valor del peso, desconocido y quizá con infinitos números decimales imposibles de determinar por muy precisa que sea la balanza; y será la lectura que arroja la balanza, que es una estimación, que unas veces supera al verdadero valor y otras se queda por debajo. Supondremos que el error experimental, ε, debido a la falta de precisión de la balanza sigue una distribución Normal con media cero y varianza constante, $\varepsilon \equiv \mathcal{N}(0, \sigma^2)$. Si la balanza es poco precisa entonces σ^2 será grande, y pequeña en caso contrario.

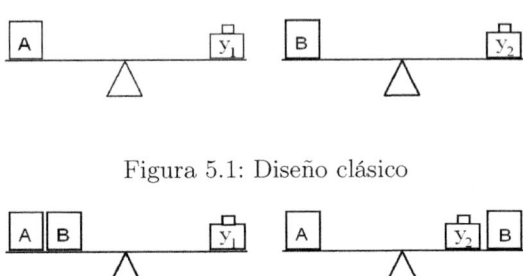

Figura 5.1: Diseño clásico

Figura 5.2: Diseño óptimo

Supondremos en este ejemplo muy simplificado, que queremos estimar el peso de dos objetos, digamos P_A y P_B. Para ello disponemos de un presupuesto que nos permite hacer solamente dos pesadas. Sin pensarlo mucho pesaríamos primero uno y después el otro, obteniendo las estimaciones $\hat{P}_A = y_1$ y $\hat{P}_B = y_2$, que son las lecturas directas en la bascula (Figura 5.1). Estas estimaciones, además de ser irrefutablemente intuitivas, son las estimaciones máximo-verosímiles. Ambas son independientes y su error de estimación es σ.

¿Existe un diseño experimental mejor con el mismo coste? La respuesta es que sí. De hecho vamos a proponer el mejor de los posibles, es decir, el diseño óptimo. Consiste en utilizar los dos objetos en ambas pesadas, de modo que el error se comparte en ambos objetos y así se reduce en cada uno. En la primera los dos están en un plato y en la segunda uno en cada plato, de modo que los contrapesos estiman en el primer caso la suma de pesos y en el segundo la diferencia (Figura 5.2). Un sencillo cálculo lleva a la estimación de cada uno de los pesos, que de nuevo resulta ser el estimador máximo-verosímil:

$$\hat{P}_A = \frac{y_1 + y_2}{2}, \qquad \hat{P}_B = \frac{y_1 - y_2}{2}.$$

Ahora, aplicando las propiedades de la varianza, resulta $var(\hat{P}_A) = var(\hat{P}_B) = \sigma^2/2$ y por tanto el error de estimación de cada uno baja ahora a $\sigma/\sqrt{2}$. Es una disminución notable. Se podría aventurar que ahora al intervenir ambas mediciones en cada estimador ya dejarían de ser independientes, lo que sería poco deseable, puesto que podría llevar a confusión en las estimaciones, entre otros problemas posibles. Sin embargo, utilizando las propiedades de la covarianza tenemos que

$$cov(\hat{P}_A, \hat{P}_B) = \{cov(y_1, y_1) - cov(y_1, y_2) + cov(y_1, y_2) - cov(y_2, y_2)\}/4 = 0,$$

y, por tanto, son incorreladas, que en el caso de normalidad significa también que son independientes.

	Mejoran	No mejoran	%
Curamina	20	20	50 %
Fraudol	24	16	60 %

Tabla 5.1: Diseño "aparentemente" balanceado

Veamos ahora un ejemplo, conocido como la paradoja de Simpson, en el que la omisión de una variable importante en el modelo, y sobre todo en el diseño, puede causar resultados erróneos.

Ejemplo 5.2. Paradoja de Simpson.

Para tratar una determinada enfermedad leve, existe un tratamiento tradicional que se viene utilizando desde hace años con un éxito moderado, y que se denomina Curamina. Una empresa farmacéutica ha desarrollado una nueva medicina, que se llama Fraudol. Para demostrar que es más efectiva que la Curamina, la farmacéutica ha realizado un ensayo clínico en el que ha aplicado cada uno de los tratamientos a dos grupos independientes de 40 pacientes. En principio este es un diseño muy adecuado. Los resultados pueden verse en la Tabla 5.1. A falta de hacer los contrastes de hipótesis correspondientes, a simple vista parece que son más pacientes los que mejoran después de unos días con Fraudol que con Curamina. Hay un factor en medicina, que puede ser importante, aunque en principio no lo parezca, que es el sexo. Por eso es natural pedir a los que han llevado a cabo el experimento que nos den los datos desagregados de hombres y de mujeres. En las Tablas 5.2 y 5.3 podemos observar con sorpresa que en ninguno de los dos grupos mejoran más con Fraudol. Se denomina paradoja, porque parece algo imposible, pero analizando los datos se podrían sacar algunas ideas de las posibles causas. Se administra Fraudol a más mujeres que hombres, lo que de entrada indica una posible falta de aleatoriedad en la distribución de los grupos. Pensando mal de la farmacéutica podría ocurrir que sabía que las mujeres curan antes de esta enfermedad de modo natural y por tanto este diseño favorece la percepción de que Fraudol sea más eficaz, cuando en realidad la curación natural de las mujeres se estaría atribuyendo falsamente a Fraudol. Hay dos maneras de evitar este problema. Una es introducir la variable sexo en el modelo y en el diseño. De ese modo se consigue separar su influencia de la influencia de los tratamientos. Pero en muchas ocasiones hay variables que no se pueden medir o que incluso no se pueden conocer, aunque se intuya que existen. El único modo que nos queda entonces es asignar los grupos de modo aleatorio. Si la variable sexo se incluyen en el diseño, administraríamos Fraudol exactamente a 20 mujeres y a 20 hombres. Si la asignación es aleatoria entonces en cada uno de los dos grupos habría aproximadamente 20 hombres y 20 mujeres, pero podrían ser 19 y 21 o incluso 18 y 22.

Taguchi, inmediatamente terminada la segunda guerra mundial, fue pionero del control de calidad de ingeniería basado en la experimentación. Es conocido como el revolucionario diseñador experimental japonés. Es muy conocido el siguiente caso que protagonizó Gen'ichi Taguchi y que resulta muy motivador para la inversión en investigación, experimentando.

	Mejoran	No mejoran	%
Curamina	12	18	40 %
Fraudol	3	7	30 %

Tabla 5.2: Resultados para el grupo de hombres

	Mejoran	No mejoran	%
Curamina	8	2	80 %
Fraudol	21	9	70 %

Tabla 5.3: Resultados para el grupo de mujeres

Ejemplo 5.3. El diseño de Taguchi.

En 1953, la empresa Ina Tile compró un horno por dos millones de dólares. Pronto se descubrió que las baldosas fabricadas no cumplían con las tolerancias requeridas. Después de supervisar cuidadosamente el proceso, descubrieron que la temperatura no se distribuía uniformemente en el horno. A primera vista se planteaban dos posibles soluciones:

1. *Modificar el horno para obtener una temperatura uniforme, lo que suponía un coste de medio millón de dólares.*

2. *Descartar las baldosas que no cumplan con las tolerancias, lo que significa revisar todas las baldosas con un consumo de tiempo notable. Además debían desecharse las que no cumplían, generando un coste adicional. Esta alternativa mantendría el coste a lo largo del tiempo, haciéndola poco recomendable.*

Pero había una tercera alternativa, que consistía en hacer una experimentación, con el que luego se conocería como Diseño de Taguchi, para descubrir las variables que, convenientemente ajustadas, harían que el producto fuera insensible a las variaciones de temperatura. Esto requería una inversión en experimentación, que de momento son solo pérdidas para la empresa. No obstante accedió. Una vez realizados los experimentos y hecho el análisis estadístico se llegó a la siguiente conclusión: aumentar entre un 1 % y un 5 % la cantidad de cal en la arcilla hacía el proceso insensible a la uniformidad de calentamiento del horno. La solución, después de esa pequeña inversión, era mucho más barata y simple.

Hasta hace poco la confianza de las empresas, fábricas e instituciones en la experimentación y el uso de los datos era más bien pequeña. Se restringía a unas pocas áreas, entre las que se encuentra la farmacología. Hoy día con la irrupción del Big Data y de la Inteligencia Artificial ya nadie duda de la importancia de los datos y de sacar "petróleo" de ellos. Todavía queda resistencia a la experimentación, por ejemplo con frases como: "te puedo dar un montón de datos, ¿no te vale con eso que quieres recoger más?".

5.3. Inferencia causal

Se ha venido haciendo una distinción clara entre variables dependientes o de respuesta y variables independientes o explicativas. Pero podría darse el caso de que una misma variable actúe como respuesta (*variable endógena*) en uno de esos modelos marginales y en otro sea una variable explicativa (*variable exógena*). Estos modelos se llaman de *ecuaciones simultáneas* o *estructurales*. También se conocen como *path analysis*. Los modelos estadísticos ponen en relación un conjunto de variables y lo hacen en una dirección y sentido determinados, que podríamos por ejemplo representar con una flecha. En los modelos que se acaban de comentar se podría dibujar un grafo con flechas que indicarían posibles relaciones de influencia. Cada flecha necesitaría después una función matemática, o mejor dicho un modelo estadístico, que reflejara dicha relación. Estos modelos se utilizan en la llamada *inferencia causal*, que está muy presente en problemas de explicabilidad en modelos de inteligencia artificial.

El siguiente ejemplo está recogido en el libro de Pearl and Mackenzie (2020) sobre inferencia causal. Resulta muy actual tras la pasada pandemia que hemos sufrido en los últimos años y toda la polémica desatada acerca de las vacunas. El ejemplo no es real, con todos los datos inventados y ajustados para que salga lo que se pretende, aunque es muy verosímil. Por tanto no puede atribuirse a ninguna vacuna en particular ni se refiere a ninguna epidemia en particular, aunque en el libro se habla de la viruela.

Ejemplo 5.4. Efectos colaterales de una vacuna versus su eficacia.

Se teme que una determinada vacuna produce una reacción adversa que provoca reacción a la persona vacunada en un 1 % de los casos. De entre estos muere un 1 %. Dicho así suena muy arriesgado, una de cada 10 000 personas vacunadas moriría. Supongamos que tenemos una población total de un millón de niños y que han sido vacunados el 99 %. En particular, eso significa que han sido vacunados 990 000 niños, mientras que 10 000 no han sido vacunados. Teniendo en cuenta que se producirá un 0.01 % de muertes entre los vacunados, morirían 990 000 × 0.01× 0.01 =99 niños. Supongamos que entre los no vacunados un 2 % tendrá la enfermedad y que de ellos morirá un 20 %. Eso quiere decir que morirán 10 000 × 0.02× 0.2 =40 niños.

Esto podría generar un titular de periódico contra la vacuna del estilo "Han muerto más del doble de niños como efecto de la vacuna que como efecto de la enfermedad". Esta afirmación es correcta, lo que no es correcto es inferir que hubiera sido preferible no vacunar a nadie. En ese caso hubieran muerto nada menos que 1 000 000 × 0.02× 0.2 = 4 000 niños. En particular, de los 44 fallecidos que no se vacunaron hubiera muerto tan solo 1 = 10 000 × 0.01× 0.01.

Esto es lo que se llaman contra-factuales, que nos permite computar el efecto de la vacuna en la prevención de muerte a posteriori. Si casi todo el mundo se hubiera vacunado no sabríamos calcular su eficacia. Lo que ha ocurrido se parece a una experimentación en la que se hubieran hecho dos grupos aleatoriamente. A unos se les administra la vacuna y a otros no y al cabo de un tiempo se ven los resultados y se comparan. Obviamente en un caso así la experimentación no parece muy ética, a no ser que a priori no haya ninguna evidencia de la efectividad de la vacuna.

Otro caso semejante aparece cuando queremos medir la eficacia del uso del casco de los ciclistas.

Ejemplo 5.5. Uso del casco en la bici.

Si se toman datos sobre si llevaban o no casco ciclistas que han tenido lesiones graves en accidentes de carretera podría ocurrir que los que no llevan casco sean mayoría. Sin embargo, la causa de dicha desproporción podría ser otra, por ejemplo la prudencia. Los más prudentes llevan casco y tienden menos accidentes con lesiones graves porque son más prudentes y no porque llevan casco. Para detectar la relación causa efecto habría que hacer una experimentación con un grupo de ciclistas seleccionados al azar que a partir de ahora llevarán casco y otro que no. Al cabo de unos años de seguimiento se observarían los resultados. Aunque el experimento daría resultados definitivos acerca de la relación causa-efecto, sin embargo a todas luces es inviable. En primer lugar porque no es ético, en segundo porque requeriría tamaños de muestra enormes, porque se producen los accidentes y además habría que esperar muchos años. En un caso así hay que optar por otras fórmulas, por ejemplo utilizar otras variables para elegir la muestra, de modo que el conjunto de ciclistas que tenían casco en el momento del accidente sea igual de prudente que el grupo de los que no tenían en ese momento. Esto se puede controlar con variables como la edad o el sexo.

Un tema de continuo debate son los estudios sobre los beneficios y perjuicios de la enseñanza diferenciada. Podríamos decir que existen estudios muy diversos con conclusiones opuestas y contradictorias. Resultan estudios muy difíciles de realizar porque los datos son observacionales y con frecuencia no hay garantía de que los grupos que se comparan sean realmente comparables. Por ejemplo, un estudio en el que se considera un grupo de colegios o institutos con educación diferenciada y otro no, podría quedar automáticamente invalidado. Supongamos que el grupo de educación diferenciada y el de no diferenciada se han seleccionado aleatoriamente de una manera muy pulcra. Pero el hecho es que se han seleccionado de poblaciones distintas, con características culturales, sociales y económicas muy distintas. Estas características podrían estar determinando un mejor rendimiento de unos, pero que en realidad no se debe al hecho de recibir una educación diferenciada, sino de esas otras características. Lo ideal seria hacer un experimento en el que se seleccionan dos muestras aleatorias de la misma población, un país por ejemplo, y a unos estudiantes se les asigna un tipo de enseñanza y a otros otra. Obviamente esto es muy difícil de llevar a la práctica por muchos motivos. Park. et al. (2013) describe una situación equiparable a un diseño experimental, que contamos aquí porque ayuda a entender algunos conceptos esenciales en el área.

Ejemplo 5.6. Estudio observacional equiparable a un diseño experimental.

Corea del Sur es un país con una brecha salarial importante entre hombres y mujeres. En 2003 decidieron poner en marcha un plan de igualdad (equalization policy). Entre otras cosas, en 2009 se decretó el reparto aleatorio de los niños y niñas en los colegios de su distrito. Esta disposición, que no deja de sorprender en occidente, proporciona un diseño experimental de recogida de datos inmejorable. El estudio del artículo mencionado se hace en particular en Seúl. Como variable respuesta se utiliza el examen nacional de entrada en la universidad, que está perfectamente homogeneizado en todo el país, y en particular en Seúl. Adicionalmente en Seúl existen 68 escuelas masculinas, 60 femeninas y 68 mixtas. Son números muy balanceados, que hacen que se pueda conseguir un diseño muy consistente. Pero, como siempre ocurre en la vida real, no todo es tan simple. Por ejemplo, existen unas escuelas especializadas a las que se puede ir por elección y no por sorteo. La solución fue eliminarlas del estudio. Es una solución razonable, aunque introduce un sesgo al no considerar a un tipo de alumnos que merecería tenerse en cuenta. Esto sesgo quizá sea muy pequeño y no implique demasiada desviación de lo que se quiere probar. Aunque si se suman muchos pequeños sesgos se podría acabar con un sesgo inaceptable. No obstante, los autores del artículo hacen un esfuerzo importante para utilizar una metodología rigurosa que permita probar por métodos indirectos que sus muestras son representativas de toda la población y que los grupos de comparación parten de condiciones homogéneas. Aunque desde un punto de vista de diseño experimental estamos ante un caso extremadamente sencillo, sí que pone en valor la aleatorización, o algo que se asemeja mucho a ella, como elemento esencial del estudio.

5.4. Conceptos básicos de diseño de experimentos

Más arriba se ha comentado la diferencia entre datos observacionales y datos experimentales. Los conceptos principales de diseño de experimentos se han ido introduciendo en el capítulo de ANOVA. En particular, las variables explicativas cualitativas se llaman *factores* y sus posibles valores se llaman *niveles*. En el marco del ANOVA, el diseño está muy determinado por el modelo y el diseño también determina el modelo. Por este motivo es importante considerar un diseño adecuado, junto con un análisis coherente.

Un factor podría ser la temperatura con niveles 'baja' y 'alta'; una mezcla aditiva, categorizada en 'pequeña', 'mediana' y 'grande'; un motor 'tradicional' frente al tratamiento (motor 'experimental').

5.4.1. Principios de Fisher

Ronald Fisher es uno de los pioneros del DOE. Vale la pena prestar atención a sus principios, que son esenciales al diseñar un experimento:

Comparaciones: En realidad esto está en la base de todo modelo estadístico, que antes o después termina en un contraste de hipótesis para comparar variables o grupos. Con la terminología introducida, se buscará en particular comparar tratamientos, a menudo tomando como referencia un grupo control o tratamiento tradicional.

Aleatorización: Asignación aleatoria a diferentes grupos en un experimento de modo que cada individuo tiene la misma probabilidad de ser elegido. Mitiga la posible confusión, como nos ocurrió en la paradoja de Simpson. Es esencial en los análisis estadísticos que se basan en las leyes del azar. Si no se cuidara el proceso de aleatorización esas leyes podrían no funcionar y llevar a resultados erróneos. Un ejemplo "real" ayudará a entender el concepto de aleatorización distinguiéndolo del simple desorden.

Cuentan que en el departamento de Ronald Fisher tuvieron en una ocasión como invitada a Miss Buriel Bristol. Ronald Fisher se adelantó a servirle el té, pero ella le dijo que prefería que la leche se sirviera antes que el té. Él no quería creer que fuera capaz de reconocer si la leche se había echado antes o después y le retó a un experimento con ocho tazas: en cuatro se echaría antes la leche y en otras cuatro se añadiría al té. Las tazas se distribuirían entonces de forma aleatoria y se las presentarían a Miss Buriel Bristol para que adivinase el tipo de combinación.

Fisher frenó en seco a uno de sus estudiantes que se disponía a desordenarlas. No es lo mismo desordenarlas que presentarlas de modo aleatorio. En el modo aleatorio, todas las combinaciones posibles pueden ser elegidas, incluidas algunas extremas como el caso de situar cuatro del mismo tipo seguidas u otros casos que muestren una regularidad. Presentarlas de modo desordenado, sin embargo, no incluiría situaciones de este tipo. Esto tiene su importancia, porque si Miss Buriel lo supiera, podría jugar con ventaja al saber, por ejemplo, que es poco probable que el mismo tipo de combinación vaya seguido tres veces o que estén todas alternadas. Por tanto, un diseño experimental que no guarde este principio podría conducir a conclusiones sesgadas. ¿Acertó Miss Buriel con las ocho tazas? El libro "The lady testing tea" (Salsburg (2002)) ofrece ideas muy sugerentes sobre la importancia de la Estadística en el siglo XX y desvela el secreto. David Salsburg asegura que un compañero de Fisher, H. Fairfield Smith, reveló que acertó con las ocho tazas. El número 8 tiene su explicación porque este procedimiento de decisión tendría una significación muestral cercana al famoso 0.05.

Replicación: Es una nueva realización de un experimento completo, desde el principio hasta el final. Esto ayuda a identificar correctamente las fuentes de variación. Es un concepto distinto al de *medidas repetidas*. Supongamos que se quiere probar la eficiencia de varios tipos de aerogeneradores, en los que se van cambiando algunas variables (factores) y se decide hacer réplicas. Esto supone que vamos a probar, por ejemplo, un aerogenerador con orientación automática, una torre de 60 metros de altura, un rotor de 8 metros de diámetro y las aspas de 30 metros. Si decidimos hacer una réplica entonces tendremos que construir dos aerogeneradores con las mismas características. No es suficiente probar el mismo en dos momentos distintos. Esto se llaman medidas repetidas, no réplicas. Aunque los dos pretendan ser idénticos, eso no es posible. Cuando se hace la experimentación con los dos obtendremos datos distintos. Es verdad que si hiciéramos la experimentación con el mismo en momentos distintos y bajo las mismas condiciones, los resultados de rendimiento también serían distintos. Pero con el mismo no estamos captando la variabilidad debida a factores de construcción que no podemos controlar. La característica esencial de las réplicas es que son experimentos independientes, mientras que las medidas repetidas son dependientes al tratarse de la misma unidad estadística. Una vez más las leyes del hacer son distintas en ambos casos.

Bloque: Un factor bloque es aquel que no tiene interés para el estudio que se está haciendo, pero que podría influir en la respuesta. Para eliminar su influencia debe considerarse en el diseño y en el modelo. Un ejemplo muy claro es una experimentación con vehículos y motores en el que se van a emplear varios conductores. Aunque estos sean profesionales la pericia de cada uno podría añadir un efecto confusor. Por eso se ha de utilizar como un factor más en el diseño, de modo que queden 'mezclados' con todos los experimentos posibles. Otro ejemplo puede surgir de experimentos que se realizan en días distintos. El día de experimentación no tiene interés para el estudio, pero no hay dos días exactamente iguales y hay factores desconocidos, algunos se podrían intuir, pero no medir, que hacen que el día pueda tener influencia. Conviene entonces considerar el día como factor bloque. El ejemplo clásico viene de la aplicación a la agricultura al establecer bloques en un campo y luego sembrar las distintas variedades de modo aleatorio en los distintos bloques. De este modo se reducen las fuentes de variación conocidas pero irrelevantes.

Ortogonalidad: Hace que estimadores no estén correlacionados. Es decir, la matriz de información será diagonal. Esto no siempre es posible, por razones matemáticas o de posibilidad real de realizar un determinado experimento. Se podrían hacer transformaciones lineales de un modelo lineal para conseguir que esto sea posible, pero en ese caso los nuevos parámetros tienen una interpretación más difícil. Un ejemplo puede clarificarlo. Supongamos que queremos medir como influye la ingesta de alcohol en el tiempo de reacción a un estímulo mediante un modelo de regresión lineal simple, $y = \theta_0 + \theta_1 x$. El parámetro θ_1 mide el efecto de la variable x en la respuesta y. En particular, el valor de θ_1 es el valor del incremento en la respuesta cuando aumentamos una unidad la x. La ingesta, x es siempre positiva y la covarianza de la estimación de los dos parámetros es $-\bar{x}$. Solo conseguiremos hacer esta media igual a cero si hay valores negativos de x, que no es el caso. Supongamos que medimos la ingesta como la tasa de alcohol en sangre en g/l y que el rango de experimentación va de 0 a 2. Bastará entonces crear una nueva variable $z = x - x_0$, donde x_0 sea un número que no sea pequeño ni grande, pero que de la posibilidad de que haya números negativos y que sea razonable un diseño con valores opuestos de la z para conseguir que la covarianza sea $\bar{x} = 0$. El coeficiente de esta nueva nueva variable sigue siendo el mismo, de modo que no cambia su interpretación. Sin embargo el término independiente es ahora $\theta_0 + \theta_1 x_0$, cuya interpretación no es sencilla. No hay que olvidar que el diseño es ahora ortogonal para estimar estos dos nuevos parámetros.

Experimentos factoriales: Consideran todas las combinaciones posibles de los niveles de los factores, en lugar del método de un factor cada vez o el de cambiar el peor. Estos diseños se verán con detalle en el capítulo siguiente.

5.4.2. Directrices de Montgomery

Otro de los grandes en DOE es Montgomery, cuyo libro de diseño de experimentos (Montgomery, 2017) es largamente conocido y utilizado. En él ofrece un proceso con unas directrices muy interesantes e importantes:

- Planificación pre-experimental:

  - Reconocimiento y declaración del problema. Este paso exige una primera reunión intensa con los científicos que van a planificar la investigación. Se ha de determinar cuáles son los objetivos y a partir de ellos las hipótesis que se plantean para su corroboración. Esto exige determinar las variables que han de considerarse, si son medibles, si son numéricas o cualitativas, etc. Y siempre hay que tener en cuenta que podemos estar hablando en lenguajes distintos en los que una palabra significa una cosa para un estadístico y otra muy distinta para el biólogo. Por eso es esencial que el diálogo sea muy abierto sin imponer terminologías, pero dejando claros los conceptos.

  - Modelo: Elección de factores (controlables, incontrolables y ruido), niveles y rangos.

  - Selección de la variable de respuesta. Esto va incluido en el modelo, que será una forma de relacionar variables explicativas con las variables respuesta.

- Elección del diseño experimental. Precisamente de eso va este libro.

- Realización del experimento con la supervisión del proceso. Algunos ejemplos pueden servir para entender mejor esta necesidad de supervisar el proceso:

  - Se cuenta que el Ayuntamiento de Londres pidió a la Royal Statistica Society (RSS) que estudiara la abundancia/distribución de excrementos de caballo en la ciudad, que era un problema de salud pública importante dada al cantidad de carros de caballos que había en la ciudad. Eso ayudaría a organizar mejor la limpieza de la ciudad. Después de un serio debate en la RSS se decidió llevar a cabo el estudio, pero dejando claro que no se encargarían de la recogida de datos. No se si esto es real o se ha difundido a modo de algo que podría haber ocurrido dada la flema inglesa.

  - Dejando bromas aparte contaremos un caso real muy ilustrativo. Se nos pidió realizar el proceso de mejora de la fermentación del vino. Para ello, después de hacer un cribado (screening) de variables se seleccionaron cuatro, a las que se aplicó la metodología de análisis de superficie de respuesta. Al tratarse de una experimentación secuencial, nosotros pedíamos a las experimentadoras que realizasen unos experimentos y luego venían con los resultados para hacer los análisis y dar el siguiente paso. En un momento dado les pedimos un diseño factorial completo de los cuatro factores con varias observaciones replicadas en los valores centrales. Los datos que nos trajeron no cuadraban bien con los resultados esperados. Después de preguntar varias veces si habían hecho exactamente lo que les pedimos, reconocieron que una sola observación en los vértices del hipercubo les pareció poco e hicieron dos y nos dieron la media. Nada más natural para alguien que no es consciente de que la media de dos observaciones baja su varianza a la mitad y que entonces estábamos mezclando observaciones de distintas varianzas violando el principio de homocedasticidad. Una vez sabido esto el arreglo fue sencillo y funcionó.

- Análisis estadístico de los datos. El diseño experimental determina en ocasiones este análisis. Seguidamente veremos algunos tipos de diseños y comentaremos esta circunstancia.

- Conclusiones y recomendaciones. El estadístico, o al menos la mentalidad estadística, no debe inhibirse en este momento. Todo lo contrario. Es el momento de la toma de decisiones o de cómo mostrar los resultados para que otros tomen decisiones. Al firmar un artículo en el que hemos colaborado de modo significativo, nuestro compromiso no acaba en el último número de los resultados que les hemos pasado. Es necesario intervenir de modo profundo en la interpretación y el modo de comunicarlo.

5.5. Tipos de diseños experimentales

Estos son algunos tipos de diseños, cada uno de los cuales genera un modelo (análisis) adecuado:

- *Diseños factoriales y fraccionales*, que están basados en considerar todas las combinaciones de los niveles de todos los factores o algún subconjunto (fracción) para reducir el tamaño muestral.

- *Diseños de cribado o screening*: para seleccionar unos pocos factores influyentes de entre muchos, generalmente en una fase exploratoria.

- *Diseños anidados o jerárquicos*: los niveles del factor anidado son diferentes para cada nivel del factor principal (Figura 5.3). Un ejemplo es el del factor sector de la economía (primario, secundario y terciario) y el factor correspondiente a diferentes áreas de empresas que dependen de cada uno de estos niveles, como pesca, agricultura o minería

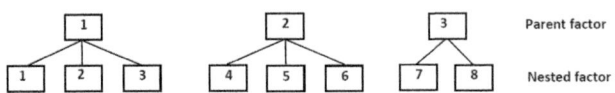

Figura 5.3: Diseño anidado

para el sector primario; o transporte, entretenimiento o consultoría para el terciario. Así, decimos que el factor área está anidado en el factor sector. En este contexto, se deben considerar *efectos aleatorios* con una consideración distinta a la propuesta en el capítulo de ANOVA de factores fijos.

- Los *diseños split-plot* se utilizan cuando los niveles de algunos factores son difíciles o más caros de cambiar, por lo que cada uno de ellos se fija hasta que se realizan todos los experimentos posibles para los posibles niveles de los factores fáciles de cambiar. Por lo tanto, el experimento no se aleatoriza y su estructura debe tenerse en cuenta en el análisis. Los factores principales se llaman *whole plots*, mientras que los factores restantes son *split-plot*. En este marco, se deben considerar también efectos aleatorios. Un ejemplo típico es un horno que puede calentar varios elementos al mismo tiempo. Para una aleatorización estricta de los experimentos, deberíamos calentar solo uno cada vez, lo que sería más caro y lento. Por lo tanto, utilizando la corrección correspondiente y un modelo de efectos aleatorios, podemos aprovechar el calentamiento de varios elementos cada vez abaratando la experimentación. No es incorrecto hacer un experimento así, lo incorrecto es analizarlo como si fuera un modelo de efectos fijos.

- Los diseños *secuenciales* y *adaptativos* ayudan a realizar la cantidad necesaria de experimentos, y no más, mejorando el diseño después de tener una nueva observación.

- Los diseños de *superficie de respuesta* son un caso particular de diseños secuenciales que buscan el máximo o el mínimo de alguna variable observable cambiando los valores de las variables explicativas. En este caso, no hay un modelo y se hacen aproximaciones sucesivas mediante modelos lineales y cuadráticos para verificar cómo de lejos estamos del óptimo y cuál es la dirección correcta para continuar la búsqueda.

- Los *experimentos de mezclas* están relacionados con la elaboración óptima de un nuevo producto compuesto por diferentes proporciones posibles de sus elementos básicos. Esto se aplica al desarrollo de una gran variedad de productos, como son alimentos, medicamentos, hormigón, metales, combustible, perfumes, etc.

- Los *ensayos clínicos* son diseños experimentales en la investigación médica, en la llamada fase III. Se busca probar un nuevo tratamiento en pacientes humanos. Antes se han pasado las fases I y II con animales y seres humanos sanos para fijar un tratamiento, por ejemplo la dosis, que sea eficaz y al mismo tiempo, mínimamente tóxico, es decir, con efectos secundarios asumibles. Hay diversos tipos de ensayos clínicos dependiendo del grado de conocimiento de las personas involucradas u otras características:

- Un ensayo **no enmascarado** o **abierto** es aquel en el que tanto el paciente como el investigador conocen el tratamiento.

- En un ensayo **ciego simple** solamente el paciente no conoce el tratamiento.

- **Doble ciego** quiere decir que ni el paciente ni el investigador conocen el tratamiento.

- **Grupos paralelos** en los que los sujetos están emparejados por poseer unas características semejantes. De ese modo a uno se le aplica un tratamiento y al otro otro y la diferencia de respuesta entre todos los pares resulta más informativa que si se comparan dos grupos independientes. Estos emparejamientos solamente se pueden conseguir en contadas ocasiones, pero es lo más deseable.

- Un diseño **crossover** es aquel en el que los pacientes reciben cada tratamiento durante un período de tiempo con períodos de **lavado** entre ellos para que no haya interacción o solapamiento. Consiguen el efecto de los grupos paralelos y tampoco es fácil de conseguir.

Sea cual sea el tipo de ensayo y sus características siempre requiere el consentimiento expreso del paciente después de ser informado de todos los detalles pertinentes.

Se ha hablado de las fases en la investigación médica. Para entenderlo bien es necesario introducir algunos conceptos, aunque sea de modo genérico. Entendemos por **toxicidad** la severidad de los efectos secundarios, que se mide de muy diversas maneras dependiendo del caso concreto. Del mismo modo se define **eficacia** de un tratamiento como los resultados positivos del tratamiento. Un tratamiento ineficaz es el que no produce apenas resultados positivos, por ejemplo por utilizar una dosis demasiado baja. También se habla de **eficiencia** cuando se relaciona la eficacia con el coste del tratamiento. Un tratamiento podría ser muy eficaz, pero demasiado costoso para llevar a la mayoría de los pacientes.

Existen cuatro fases en la investigación y producción de nuevos tratamientos:

- **Fase I**: En esta fase se prueba y determina el nivel de tolerancia de la dosis (máxima dosis tolerada). Habitualmente se realiza con animales dada la peligrosidad del experimento.

- **Fase II**: Una vez determinada la máxima dosis tolerable ahora interesa determinar la mínima dosis eficaz.

- **Fase III**: Con el intervalo de dosis aceptables y al mismo tiempo eficaces se planifica un estudio con pacientes humanos probando distintas dosis. Es un estudio a gran escala en el que con frecuencia intervienen distintos centros de todo el mundo. En este momento se enfrenta la eficacia frente a la toxicidad con el objeto de conseguir la dosis adecuada reduciendo los efectos secundarios todo lo que sea posible.

- **Fase IV**: Seguimiento del tratamiento una vez que ha sido puesto en circulación para detectar todo tipo de efectos secundarios. Por eso es frecuente que los prospectos de los medicamentos con los posibles efectos adversos vaya creciendo con el tiempo.

La descripción de estas cuatro fases hace entrever cómo estos estudios se prolongan en el tiempo dadas las precauciones que han de tomarse. A esto hay que añadir los informes que han de aprobar las distintas comisiones éticas, tanto de experimentación con animales, como con seres humanos. Se añade también la necesidad de programar adecuadamente la gestión y privacidad de los datos. A veces se añade además la falta de financiación de determinados estudios. Por todo esto la aprobación definitiva de un tratamiento es una cuestión de unos cuantos años. El "milagro" del desarrollo de las vacunas COVID-19 aceleró muchos de estos procesos por diversos motivos que pueden verse en el artículo https://theconversation.com/se-pueden-acortar-los-tiempos-para-desarrollar-una-vacuna-184483. En una pandemia sin precedentes la financiación fue generosa, las misiones éticas aceleraron sus informes, pero sobre todo es que no se partía de cero porque ya había mucha gente investigando en el coronavirus en general.

Capítulo 6

Diseños factoriales

Un *diseño factorial completo* consiste en considerar todas las combinaciones posibles de todos los niveles de todos los factores en el modelo. El diseño puede estar completamente o incompletamente *replicado* un número de veces. Se llama *celda* al conjunto de las observaciones de una de estas combinaciones de niveles. Tener varias observaciones en cada celda permite estimar la varianza en cada celda y luego hacer inferencias para todos los parámetros en el modelo, incluyendo las *interacciones* de dos o más factores.

6.1. Interacciones

Los efectos principales de dos factores pueden ir en una dirección y sin embargo la interacción entre ellos puede hacer que conjuntamente el efecto sea contrario. Esto puede parecer contradictorio en una primera impresión. Bastará un ejemplo simple y jocoso para entenderlo. Supongamos que estamos invitados a una fiesta y tenemos un dolor de cabeza intenso que requiere tomar un analgésico muy potente y para el que se aconseja no tomar alcohol. Existen cuatro posibilidades respectos a los factores 'tomar o no el analgésico' y 'tomar o no alcohol' durante la fiesta. La respuesta es el 'bienestar' como quiera medirse.

- No tomar el analgésico y no tomar alcohol. La respuesta es un bienestar negativo, puesto que permanece el dolor intenso de cabeza.

- Tomar el analgésico y no tomar alcohol. La respuesta es un bienestar positivo, puesto que se alivia el dolor de cabeza, aunque uno esté privado de tomar algo de alcohol.

- No tomar el analgésico y sí tomar alcohol. La respuesta es un bienestar positivo frente a la primera opción, puesto que permanece el dolor de cabeza, pero el alcohol, se supone que moderadamente tomado, produce una sensación de felicidad.

Alcohol Analgésicos	No	Sí
No	Dolor de cabeza	Dolor de cabeza, pero feliz
Sí	Sin dolor de cabeza	Mareos, vomitos

Tabla 6.1: Efecto de la interacción

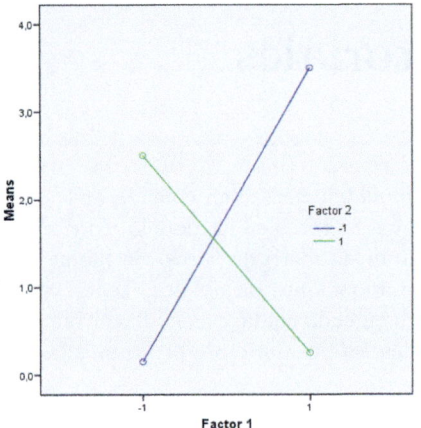

Figura 6.1: Interacción

- Sin embargo, tomar el analgésico y tomar alcohol produce mareos y vómitos, y por tanto un bienestar muy negativo.

La tabla 6.1 refleja las cuatro opciones. Se puede hacer una representación gráfica en la que se representa en el eje de abscisas los dos niveles de un factor y en el de ordenadas el valor observado, el bienestar en nuestro ejemplo, que es una medida numérica. El segundo factor se representa dentro del gráfico uniendo las observaciones de cada nivel con una línea (Figura 6.1). Si estas líneas se cruzan es señal de que hay interacción. De no ser así no habría interacción. Como todo gráfico, es simplemente ilustrativo y la interacción ha de ser contrastada con los correspondientes análisis rigurosos. Hemos considerado el caso más sencillo de una interacción de dos factores con dos niveles. Para más niveles se pueden hacer gráficos semejantes, siempre teniendo en cuenta que los puntos representados en el eje de abscisas no son números y por tanto las distancias entre unos y otros no tienen interpretación. Obviamente, para interacciones de orden superior no es posible un gráfico de este tipo taan sencillo.

Descripción	Fabric.	Diám.	TT	No. de dobleces
Estándar	-	-	-	y_{000}
Prueba fabric.	+	-	-	y_{100}
Prueba Diám.	-	+	-	y_{010}
Prueba TT	-	-	+	y_{001}

Tabla 6.2: Diseño de un factor a la vez

6.2. Diseños inapropiados

Ejemplo 6.1. Diseños inapropiados. *Continuamos con el ejemplo del clip, que*

podríamos calificar de "mejora continua". *Como ya se introdujo en el capítulo de ANOVA, consideraremos que la resistencia de un clip, y, entendida como el número de dobleces hasta romperlo, depende de tres factores: fabricante, diámetro del alambre y tratamiento térmico. Se asumen dos niveles por factor:*

Fabricante: Clipping, WIRE Inc.

Diámetro: delgado, grueso.

Tratamiento térmico: sí, no.

Vamos a considerar tres tipos de diseño, que aparecen en algunos estudios, con sus ventajas e inconvenientes:

- *El método de un factor a la vez parece muy razonable y se muestra en la Tabla 6.2. Como se puede apreciar, en primer lugar se ponen todos los factores al nivel más bajo y se van subiendo de uno en uno.*

- *El diseño de mantener constante el mejor es secuencial, lo que le hace especialmente atractivo (Tabla 6.3). De nuevo se comienza con un experimento con los niveles bajos en los tres factores. Se realiza el experimento y se observa la respuesta. son necesarios 19 dobleces para conseguir partirlo. Como antes se sube el nivel del primer factor y se repite el experimento dando lugar a un número mayor de dobleces. Por ese motivo se mantiene*

Descripción	Fabric.	Diám.	TT	No. de dobleces
Estándar	-	-	-	19
Prueba fabric.	+	-	-	21
Prueba Diám.	+	+	-	17
Prueba TT	+	-	+	22

Tabla 6.3: Diseño de mantener constante el mejor

Manuf.	Diam.	TT	No. bendings		Mean	Residuals	
-	-	-	7	9	8	-1	1
+	-	-	10	21	15.5	-5.5	5.5
-	+	-	16	13	14.5	-1.5	1.5
+	+	-	12	5	8.5	-3.5	3.5
-	-	+	21	15	18	-3	3
+	-	+	17	21	19	-2	-2
-	+	+	22	26	24	-2	2
+	+	+	18	18	18	0	0

Tabla 6.4: Diseño $2 \times 2^3 = 16$ factorial completo con réplica

el nivel superior del primer factor y se sube el nivel del segundo. Ahora el resultado baja por tanto se recupera el nivel bajo del segundo factor y se sube el del tercero. De este modo podría continuarse hasta que el ajuste del modelo sea suficientemente bueno para mostrar cuáles son los efectos activos y cuáles no lo son.

Estos dos diseños parecen requerir menos experimentos que un diseño factorial completo, que requiere 8 experimentos. sin embargo estos diseños no son capaces de detectar interacciones, que pueden ser esenciales en la detección "limpia" de la actividad de los otros efectos. La variabilidad puede ocultar el efecto real de los factores. Tampoco ayudan a detectar la posible existencia de otros factores no considerados en el estudio. El diseño factorial completo replicado de la Tabla 6.4 parece mucho más adecuado y razonable.

Ejemplo 6.2. Diseño con dos factores de tres y dos niveles cada uno.

- *Niveles del Factor 1: -1, 0, 1.*

- *Niveles del Factor 2: -1, 1.*

Es importante precisar que la asignación de estos números es arbitraria y con son simples códigos con los que no se pueden hacer operaciones numéricas. Solamente en el caso de dos niveles sí tienen sentido operaciones numéricas, siempre correctamente entendidas. El diseño factorial completo considera cada combinación de niveles. La Tabla 6.5 muestra el diseño con los experimentos ya realizados y la respuesta observada.

Factor 1	Factor 2	Respuesta
-1	-1	0.4
-1	1	0.6
0	-1	0.2
0	1	0.3
1	-1	0.4
1	1	0.6

Tabla 6.5: Diseño factorial 3×2 de dos factores con tres y dos niveles respectivamente

6.3. Diseños en bloques aleatorizados

Del mismo modo que se acaba de comentar los diseños bloque pueden ser controlados por el experimentador o por el contrario provenir de un muestreo en el que los bloques se definen posteriormente. En el ejemplo original de una siembra en un campo de cultivo, se podrían hacer las divisiones en subparcelas (bloques) de antemano, lo que nos permitiría controlar las variedades de un cereal que se van a sembrar en cada bloque. En este caso los bloques serían fijos. Cada bloque presenta unas condiciones homogéneas para los cereales, mientras que entre un bloque y otro hay diferencias. Si dentro de cada bloque se plantan cada una de las variedades, por ejemplo en surcos aleatorios, entonces hablamos de *dieseño completo en bloques aleatorizados*. El modelo es semejante al de efectos fijos ya estudiados, pero no se considera interacción.

Ejercicios

Ejercicio 1. Se experimenta en un proceso de fabricación en dos condiciones de funcionamiento α_1, α_2, con tres tipos de materia prima, β_1, β_2, β_3, y dos valores de una variable de control, γ_1, γ_2, obteniendo el diseño factorial siguiente, donde la respuesta es una medida de la calidad del producto resultante:

	γ_1			γ_2		
	β_1	β_2	β_3	β_1	β_2	β_3
α_1	20	30	12	16	33	8
α_2	36	38	40	40	44	42

Analícese el efecto de los factores y sus interacciones

Ejercicio 2.

Se estudia el tiempo de marchitación de unas flores considerando los factores indicados en el diseño 2^3 replicado siguiente

	Aire Libre		Interior	
	AC	AP	AC	AP
Rosa	66, 72	90, 66	80, 80	80, 80
Clavel	144, 90	104, 138	128, 96	80, 90

donde AP= agua permanente; AC= agua cambiada.

¿Cuál de los 3 factores tiene un mayor impacto en el tiempo de marchitación? ¿Es alguno de los 3 efectos principales significativo?

Escriba la ecuación completa del modelo que se está considerando, incluyendo todas las interacciones. ¿Si eliminamos el factor "agua", qué diseño obtendríamos?

Ejercicio 3.

Se clasifica a 24 alumnos según tres criterios formando un 2^3, y se obtiene la tabla

	Academia		No academia	
	Va a clase	No va a clase	Va a clase	No va a clase
Primera Matrícula	2, 6, 5	3.5, 4, 2	7, 6, 4	0, 0, 2
Repetidor	2, 5, 5	2, 3, 5	5, 6, 3	3.5, 3, 3

donde la variable respuesta es la nota final en una asignatura.

Analizar estos datos, diciendo qué críticas podrían hacerse a este experimento, y las conclusiones que pueden extraer del mismo.

Capítulo 7

Diseños factoriales fraccionales

7.1. Introducción

A medida que aumenta el número de factores y niveles, el número de combinaciones aumenta exponencialmente y, antes o después, el número de experimentos necesario será demasiado grande. En este caso se suelen utilizar *diseños factoriales fraccionales*, que como su propio nombre indica es una fracción del diseño factorial completo, por ejemplo una cuarta parte de él.

Veremos ahora el caso más sencillo de tres factores con dos niveles cada uno. En realidad es un ejemplo de juguete en el que no suele ser necesario reducir el número de observaciones del diseño factorial completo, que es solamente 8. La Tabla 7.1 muestra el diseño factorial completo. En rojo se ha señalado una posible fracción reduciéndolo a la mitad. Un diseño así se denota 2^{3-1}. También se podría haber optado por los otros cuatro puntos en negro y, en general, cualquier otra opción. ¿Qué tiene de particular el nuevo diseño en color rojo? Para entenderlo bien es preciso que expliquemos cómo funciona la regla de los signos para diseños de factores con dos niveles cada uno. Cualquiera de las columnas tiene la mitad de símbolos $+$ y la mitad de $-$. La diferencia de la media de las observaciones positivas y la de las negativas mide el efecto de pasar del nivel 'bajo' al 'alto'. Por ejemplo el efecto principal del primer factor sería:

$$\hat{\alpha} = \frac{y_{100} + y_{100} + y_{110} + y_{111}}{4} - \frac{y_{000} + y_{010} + y_{001} + y_{011}}{4} = \overline{y_{1\cdot\cdot}} - \overline{y_{0\cdot\cdot}}.$$

El punto en el subíndice significa que se promedia en ese subíndice. Esto mismo aplica a las interacciones de cualquier orden. La columna correspondiente es el producto de las columnas de los factores que intervienen utilizando la regla de los signos en el producto. Ahora podemos fijarnos en que los experimentos seleccionados en rojo corresponden a signos $+$ en la columna de la interacción de orden 3. Utilizaremos esta notación para la fracción que se ha hecho: $ABC = I$, donde I es una columna con todas las componentes $+$ y, como

	A	B	C	AB	AC	BC	ABC	y
1	-	-	-	+	+	+	-	y_{000}
2	+	-	-	-	-	+	+	y_{100}
3	-	+	-	-	+	-	+	y_{010}
4	+	+	-	+	-	-	-	y_{110}
5	-	-	+	+	-	-	+	y_{001}
6	+	-	+	-	+	-	-	y_{101}
7	-	+	+	-	-	+	-	y_{011}
8	+	+	+	+	+	+	+	y_{111}

Tabla 7.1: Diseño factorial de tres factores con dos niveles y una posible fracción 2^{3-1}

se ha dicho, ABC será el producto de las tres columnas A, B y C. A la expresión $ABC = I$ se le llama *ecuación generatriz*. Eso significa que no será posible estimar esa interacción. Adicionalmente podemos apreciar que ahora la columna A coincide con la columna BC, es decir $A = BC$ y también $B = AC$, $C = AB$. Esto quiere decir que los estimadores de los efectos principales se confunden con las interacciones de orden 2. A todas las relaciones derivadas del fraccionamiento del diseño se le llama *estructura alias*.

Este es un ejemplo de juguete en el que no tiene mucho sentido hacer una fracción. Con más factores los efectos principales no suelen resultar confundidos, lo que es muy deseable. Podríamos decir que lo más importante en el modelo son los efectos principales, seguidos de las interacciones de orden 2, 3, etc. Hay dos principios básicos en estos modelos. Por una parte, el *principio de jerarquía* establece que los términos de menor orden son más importantes que los de orden superior y que si un modelo tiene un término de orden superior significativo, el modelo también debe retener todos los términos de orden inferior correspondientes para lograr consistencia. Por otro lado está el *principio de herencia*, que establece que una interacción solo puede ser activa si uno o ambos de sus padres (efectos principales) también son activos. A veces se habla de *herencia fuerte* si se asume que una interacción AB solo puede ser activa si ambos padres A y B son activos y de *herencia débil* si solo uno de los padres necesita estar activo. Montgomery (2017) asegura que algunos modelos pueden funcionar mejor cuando los términos no significativos que promueven la jerarquía o la herencia no se tienen en cuenta, especialmente cuando el objetivo principal es la predicción. Utilizando estos principios se puede resolver fácilmente la confusión, determinando qué efectos son activos y cuáles no. No obstante, se suele decir que la modelización y en particular la selección de variables es un arte. George Box señaló con frecuencia que todos los modelos son falsos y que lo importante es que sean útiles. Esto no significa bajar la guardia en cuanto a la exigencia de rigor, pero sí dar cancha a distintos modelos que pueden explicar diversos aspectos de un mismo fenómeno.

Si estos principios no se cumplieran sería señal de que el modelo lineal quizá no es el adecuado y habría que recurrir a otro más complejo. Teniéndolos en cuenta parece deseable buscar fracciones que provoquen confusiones con las interacciones más altas. En el ejemplo que estamos considerando hemos optado por sacrificar la más alta. En este sentido un criterio para conseguirlo es que en la ecuación generatriz haya muchas letras. Se llama *resolución* al número de letras en la palabra más corta de la relación definitoria (conjunto de interacciones igual a I). Hay que precisar aquí que una ecuación generatriz reduce el diseño a la mitad y si se añade otra nueva se reducirá a la mitad de la mitad, es decir a un cuarto. Serán diseños de tipo 2^{p-f} donde se tienen p factores de dos niveles y f ecuaciones generatrices, es decir, que divide el diseño por 2^f. Los diseños fraccionales más importantes son aquellos de resolución III, IV y V. Por ejemplo, si los generadores son I=ABD=ACE, entonces la relación definitoria es ABD, ACE, BCDE, que son todos los que se confunden con I. Por tanto la resolución sería 3.

7.2. Propiedades de los diseños fraccionales

Los diseños fraccionales tienen tres características únicas que las hacen altamente eficientes:

1. El principio de *sparsity* establece que solo un pequeño número de efectos son significativos y que el modelo final tiende a estar compuesto por términos de menor orden en lugar de los de orden superior (Wu and Hamada, 2009).

2. La propiedad de *proyección* establece que un diseño puede proyectarse a una dimensión inferior utilizando un subconjunto de factores, lo que hace que el diseño reducido sea generalmente más robusto que el original.

3. Los experimentos factoriales fraccionados pueden combinarse para formar diseños de mayor resolución utilizando una técnica llamada *fold over*. Un fold over del diseño original se logra cambiando algunos signos de la matriz de diseño de la fracción correspondiente para aislar efectos de interés particular.

Veremos ahora algunas otras propiedades que pueden tener estos diseños.

Se habla de diseño fraccional *saturado* cuando el diseño tiene el número mínimo de puntos para estimar los parámetros de un modelo particular sin confusión. Esto suele significar que no se tienen grados de libertad para estimar el error y hacer inferencias.

Un diseño fraccional *balanceado* tiene el mismo número de experimentos en cada combinación de niveles.

El principio de *mínima aberración de resolución* r se verifica si de entre todos los diseños de resolución r con este diseño se confunden con I tan pocas interacciones de orden r como sea posible. Dicho de otro modo se consigue estimar el máximo número de interacciones de orden r.

Se denomina *diseño de máxima no-confusión* a aquel para el que se consigue el número máximo de interacciones de segundo orden sin confundir con otras interacciones de segundo orden.

La propiedad de *rotabilidad* quiere decir que la varianza de la respuesta predicha en cualquier x depende solo de la distancia de x al punto central del diseño.

7.3.   Cuadrados latinos y greco-latinos

Como hemos visto hay toda una teoría algebraica en tono a los diseños fraccionales de dos niveles con propiedades deducibles de la estructura algebraica creada por las columnas de niveles de los factores y las operaciones entre ellos. Hay un tipo de diseños fraccionales para tres y cuatro factores, todos ellos con el mismo número de niveles, digamos K. Por eso hablamos de cuadrados, porque al representarlos en una tabla, esta será cuadrada. La idea esencial es que cada uno de los niveles de cada factor se cruce con cada uno de los niveles de los otros de la manera más distribuida posible, de modo que aunque no se consideren interacciones, queden representados los cruces más diversos. Es decir, aprovecha la simetría del diseño factorial. Es parecido a hacer un sudoku y de hecho muchos tipos de sudoku general diseños experimentales con muy buenas propiedades.

Comencemos por los *cuadrados latinos*, que involucran tres factores con K niveles cada uno. Un diseño factorial completo requeriría K^3 experimentos ($4^3 = 64$ para tres niveles). Un cuadrado latino reduce el número de experimentos a K^2 experimentos ($4^2 = 16$ para tres niveles). Situemos en una tabla los niveles del primer factor en las filas, los del segundo en la columnas y para el tercero usamos letras latinas, de ahí el nombre, para definir todos los cruces. La regla a seguir es que cada nivel de un factor aparece una vez con cada uno de los niveles de los otros factores. Esto en la tabla significa que en cada fila y en cada columna aparecen todas las letras posibles, y por tanto sin repetirse.

La Tabla 7.2 muestra un cuadrado latino de cuatro niveles. De este cuadrado abstracto se pasa a la práctica asignando letras, filas y columnas de un modo aleatorio a los niveles de cada factor. Incluso los factores se pueden asociar aleatoriamente al factor letras, al factor filas y al factor columnas. Por eso, permutar las letras, por ejemplo intercambiar la A por la B conduce al mismo cuadrado latino. Lo mismo ocurre permutando filas o columnas. Como ejemplo supongamos que se busca hacer pruebas sobre el consumo de cuatro vehículos (V_1, V_2, V_3, V_4) con cuatro tipos de combustible (C_1, C_2, C_3, C_4) y con cuatro conductores (T_1, T_2, T_3, T_4). La tabla 7.3 muestra una realización aleatoria del cuadrado latino de la Tabla 7.2.

	1	2	3	4
1	A	C	B	D
2	C	D	A	B
3	B	A	D	C
4	D	B	C	A

Tabla 7.2: Cuadrado latino de orden 4

	C_3	C_1	C_4	C_2
V_2	T_3	T_1	T_2	T_4
V_3	T_1	T_4	T_3	T_2
V_1	T_2	T_3	T_4	T_1
V_4	T_4	T_2	T_1	T_3

Tabla 7.3: Utilización práctica de un cuadrado latino de orden 4

El modelo de un cuadrado latino se puede expresar de la forma siguiente:

$$y_{ij(k)} = \mu + \alpha_i + \beta_j + \gamma_k + \varepsilon_{ij(k)}, \ i,j = 1,2,\ldots,K;$$
$$\sum_i \alpha_i = \sum_j \beta_j = \sum_k \gamma_k = 0$$

con las condiciones de independencia, normalidad y homocedasticidad habituales. Por tanto el número de parámetros a estimar es $3K - 1$, que es menor que K^2 si $K \geqslant 3$.

Un *cuadrado greco-latino* generaliza esta idea a cuatro factores. El cuarto factor se codifica con letras griegas, de ahí el nombre. Es una superposición de dos cudardos latinos, uno de ellos con letras griegas, de modo que cada letra griega aparece una y solo una vez con cada letra latina. La Tabla 7.4 muestra un ejemplo para tres niveles. El modelo ahora es

$$y_{ij(kh)} = \mu + \alpha_i + \beta_j + \gamma_k + \delta_h + \varepsilon_{ij(kh)}, \ i,j = 1,2,\ldots,K;$$
$$\sum_i \alpha_i = \sum_j \beta_j = \sum_k \gamma_k = \sum_h \delta_h = 0$$

con las condiciones de independencia, normalidad y homocedasticidad habituales. Por tanto el número de parámetros a estimar es ahora $4K - 2$, que es menor que K^2 si $K \geqslant 4$. En otro caso, como es el ejemplo mostrado, habría efectos confundidos, que no es deseable. Si

A α	B β	C γ
C β	A γ	B α
B γ	C α	A β

Tabla 7.4: Cuadrado greco-latino de orden 3

7.4. Diseñando con R

Existen algunos paquetes de R que permiten calcular de modo automático diseños fraccionales con buenas propiedades. También es posible poner restricciones o incluso diseñar exactamente cómo queremos que sea. Veamos algunos ejemplos de la funcionalidad del paquete FrF2. Un diseño factorial completo de 13 factores a dos niveles exigiría $2^{13} = 8192$, que en una experimentación concreta podría suponer un coste inasumible. Una fracción $2^{13-5} = 256$ reduce drásticamente el número de observaciones a una cantidad razonable. Un diseño así necesitaría 5 ecuaciones generatrices y daría lugar a un buen número de confusiones. Un buen diseño fraccional podría conseguir que las confusiones estuvieran siempre en interacciones altas, que de hecho no son de interés y podrían suprimirse en el modelo.

En particular,

- La sintaxis `design=FrF2(8,3)` proporcionará un diseño factorial completo para tres factores (segundo argumento de la función de R) y $8 = 2^3$. Este es un posible resultado:

	A	B	C
1	-1	-1	-1
2	1	1	1
3	1	-1	-1
4	-1	-1	1
5	-1	1	-1
6	-1	1	1
7	1	-1	1
8	1	1	-1

El orden en que aparecen las combinaciones está aleatorizado y por tanto listo para ser usado. Si volviéramos a ejecutar la instrucción el orden sería probablemente distinto, pero con las mismas combinaciones. La sintaxis `write.csv(design, "design.csv")` crea un fichero de texto `.csv` con esas cuatro columnas y en ese orden, que podría abrirse con Excel. Esto puede ser muy útil para la recogida de datos.

- Sin embargo, `FrF2(16,3)` identifica que solo hay tres factores, pero se le están pidiendo $16 = 2^{3+1}$ experimentos, es decir el doble. Entiende automáticamente que ha de replicar el diseño factorial completo de 3 factores.

- La función `FrF2(8,4)` proporcionará un diseño de 4 fraccionado a la mitad y de modo que produzca máxima resolución y mínima aberración.

- Si en lugar de pedirle que lo optimice en el sentido anterior queremos decirle nosotros cómo ha de hacer la fracción, podemos darle la ecuación generatriz que nos interese, por ejemplo $ABCD = I$, o lo que es lo mismo $ABC = D$. La manera de introducir la ecuación generatriz es especificando con quien se confunde el factor extra, D: FrF2(2^{4-1}, generators = "ABC").

- En el caso de una fracción doble, es decir dividir el diseño por $4 = 2^2$, las dos ecuaciones generatrices se expresaran así: FrF2(2^{5-2}, generators = c("ABC","BC")). Son entonces: $ABC = D$ y $BC = E$, o lo que es lo mismo $ABCD = I$ y $BCE = I$.

- La estructura de alias del diseño anterior se puede pedir de la forma siguiente:

```
design.info(FrF2(8, generators = c("ABC","BC")))
```

que proporciona la siguiente salida:

```
$legend
[1] ''A=A'' ''B=B'' ''C=C'' ''D=D'' ''E=E''

$main
[1] ''A=BE''    ''B=AE''    ''C=DE''    ''D=CE''    ''E=AB=CD''

$fi2
[1] ''AC=BD'' ''AD=BC''
```

- Un diseño con resolución V en 7 factores con mínima aberración vendría dado por FrF2(nfactors=7, resolution=5), que proporciona un diseño 2^{7-1}, es decir de 64 observaciones.

Ejercicios

Ejercicio 1.

En un cuadrado latino 6x6 se verifica $VE(fil.)$=58.11; $VE(col.)$=78.6; $VE(tratam.)$=81.3 y VNE=14.2. Contrastar si son nulos los efectos de filas, columnas y tratamientos.

Ejercicio 2.

Para comparar el consumo de gasolina de cuatro automóviles, cuatro conductores efectúan un recorrido prefijado en cuatro días distintos, de manera que cada día cada conductor conduce un coche distinto, formando un cuadrado latino. Los resultados obtenidos se presentan en el cuadro, representando los conductores (C_i), los días (D_i) y los coches por A, B, C y D. El consumo se ha medido en litros por 100 km. Analizar estos datos.

	D_1		D_2		D_3		D_4	
C_1	10	A	9.5	B	7	D	11.5	C
C_2	8	B	10	A	8.5	C	9	D
C_3	7	C	6.5	D	7	A	8	B
C_4	6	D	5	C	6	B	9	A

¿Y si los valores de la tabla fuesen medias de tres observaciones, no hubiese efecto de la réplica, y supusiéramos que los datos tienen la misma varianza residual?

Ejercicio 3.

En un experimento de campo se ha contado el número de caracoles presentes en las plantas de tres variedades de patata A, B y C, con tres niveles de riego, α, β y γ, en tres parcelas distintas con tres niveles de iluminación distintos. El diseño y los resultados obtenidos se indican en el cuadro. Cada medida se ha realizado 3 veces, sobre distintas plantas en las mismas condiciones.

	Iluminación 1		Iluminación 2		Iluminación 3	
Parcela 1	$A\alpha$	11, 9, 11	$B\beta$	14, 12, 13	$C\gamma$	11, 11, 10
Parcela 2	$C\beta$	6, 9, 10	$A\gamma$	8, 8, 10	$B\alpha$	11, 9, 9
Parcela 3	$B\gamma$	9, 9, 9	$C\alpha$	9, 13, 10	$A\beta$	10, 10, 8

Realice el análisis completo de los datos y exponga detalladamente las conclusiones obtenidas. No olvide verificar las hipótesis del modelo. ¿De qué diseño se trata? Y si prescindimos del factor "nivel de iluminación", ¿qué diseño obtendríamos?

Capítulo 8

Observaciones correlacionadas: Medidas repetidas y efectos aleatorios

8.1. Observaciones correlacionadas

Como ya se ha comentado, la dependencia entre observaciones es una de las razones más importantes para no usar los modelos lineales tal como se ha hecho hasta ahora. El tratamiento ha de ser adaptado a esta situación. Un problema importante es que el teorema central del límite no se puede aplicar, puesto que tiene como hipótesis básica la independencia de las observaciones. En esta situación, la densidad conjunta de las observaciones, que ya no es el producto de las funciones de densidad marginales, estará en una familia paramétrica del tipo siguiente:

$$\{h(y_1, y_2, \ldots, y_n \,|\, t_1, t_2, \ldots, t_n; \theta_1, \theta_2, \ldots, \theta_m) \,|\, \theta = (\theta_1, \theta_2, \ldots, \theta_m)^T \in \Theta\}.$$

Suponiendo una distribución normal multivariante de las respuestas, la log-verosimilitud vendrá dada por

$$\log h(y|t, \theta) = -\frac{1}{2} \left[(y - f^T(t)\theta)\Sigma_Y^{-1}(y - f^T(t)\theta) + \log \det(\Sigma_Y) + n \log(2\pi) \right],$$

donde llamamos Σ_Y a la matriz de covarianzas de las observaciones, que lo es también de los errores.

A veces la estructura de correlación de los datos se asume completamente conocida, lo que no es muy realista, pero facilita mucho las cosas. Si las observaciones siguen siendo normales con una media lineal en los parámetros y la estructura de covarianza es completamente conocida, entonces el estimador máximo-verosímil es $\theta = (X^T\Sigma^{-1}X)^{-1}X^T\Sigma^{-1}Y$. En el estimador aparece Σ, invertida y a través de la matriz del diseño, X, doblemente invertida. Esto sugiere

que se produce una cierta cancelación y por tanto su efecto en la fórmula podría ser pequeño. Si X fuera una matriz cuadrada invertible y se pudiera permutar con Σ^{-1} desaparecería
en la fórmula y volveríamos al MLE del modelo lineal con observaciones incorreladas. De
hecho se utiliza con frecuencia en modelos con correlaciones por considerarse un estimador
robusto respecto a la correlación. Sin embargo la matriz de covarianzas de los estimadores
es proporcional a $(X^T\Sigma^{-1}X)^{-1}$. Esta matriz se utiliza luego para hacer inferencias y por
eso es el objeto principal del diseño de experimentos. Esta matriz ya no es tan simple para
su manejo desde el punto de vista del diseño experimental. Por ejemplo, conseguir que sea
diagonal ya no es una tarea tan sencilla como resultaba, en cierta medida, para $(X^TX)^{-1}$,
donde bastaba que las columnas de X fueran vectores ortogonales.

No obstante, si se utilizan los MLE para un modelo lineal entonces habría que considerar
la matriz de covarianzas de estos estimadores y no de los MLE calculados considerando
correlaciones, es decir, $(X^TX)^{-1}X^T\Sigma X(X^TX)^{-1}$.

Si la matriz Σ tiene todos los elementos de la diagonal iguales, seguimos ante un modelo homocedástico, pero podrían no serlo, sin mayores consecuencias una vez que ya no es
diagonal como sí ocurre en un modelo lineal.

Lo habitual es que la estructura de correlación no sea conocida. Eso significa que tenemos
$nn(n-1)/2$ elementos (parámetros) distintos para estimar. Es un número muy alto, siempre
superior al número de observaciones n. Por eso lo más práctico es modelizarla, es decir
considerar una función matemática dependiente de unos pocos parámetros.

No suele ser fácil hacer la estimación conjunta máximo-verosímil de la media y de la matriz
de covarianzas. Hay distintos procedimientos para encontrar los MLE de los parámetros. Si
los parámetros de la media y los de la covarianza son distintos, con frecuencia se utiliza un
procedimiento algorítmico que consiste en comenzar con los estimadores de los parámetros
de la media como si fuera un modelo lineal, es decir sin considerar las correlaciones de las
observaciones. Los valores obtenidos de esta forma se sustituyen en la función de verosimilitud
y se calculan los valores de los parámetros de la covarianza que maximizan la función de
verosimilitud. Con esa nueva matriz de covarianzas vuelven a calcularse los MLE de los
parámetros de la media. El proceso sigue hasta conseguir una estabilidad en los estimadores,
por ejemplo que ya no haya variaciones superiores a una cierta cantidad de referencia en la
función objetivo o en los propios valores de los parámetros. El resultado es una aproximación
de los MLE con estructura de correlación.

Así como cualquier función matemática sería susceptible de representar un modelo en
una situación determinada, sin embargo la función que modeliza la covarianza ha de ser tal
que la matriz Σ que se forma sea definida positiva. Esto no tiene una comprobación sencilla
y por eso se suele utilizar un pequeño grupo de funciones, tales como:

1. La exponencial, que indica un decrecimiento exponencial en la correlación de dos observaciones conforme aumenta la distancia entre ellas.

2. La triangular, donde la correlación decrece linealmente hasta desaparecer por completo a partir de una distancia.

Hay otras familias de funciones definido-positivas, tales como las de Matérn, Dagum y Cauchy. Amo-Salas et al. (2013) proporcionan una metodología parra construir fácilmente funciones de este tipo a partir de las bien conocidas funciones de Bernstein.

8.2. Medidas repetidas

En el primer capítulo ya se ha considerado un modelo de este tipo, las comparaciones entre dos medias para datos apareados. Se llaman también medidas repetidas, en las que típicamente cada par correspondería a un mismo sujeto, o sujetos muy similares, y por tanto estarían correlacionadas, aunque los distintos pares serían independientes unos de otros. En el caso de dos muestras, ya visto, se soluciona creando una nueva variable con la diferencia de cada par de observaciones. Esto simplifica el problema a una sola muestra cuya media se compara con el cero, que indicaría medias iguales. Obviamente, con más de dos grupos o repeticiones esto ya no se puede hacer.

Consideremos un ejemplo para una mejor comprensión de lo que estamos contando. Supongamos que se toma una medición sobre el tamaño de un tumor en el momento en que se diagnostica, en un grupo aleatorio de 30 pacientes. Al cabo de un mes, después de un tratamiento de quimioterapia, se mide de nuevo el tumor en los mismos pacientes. La pregunta es si el tumor ha cambiado significativamente de tamaño o no. La diferencia entre el tamaño del tumor después y antes del tratamiento es una variable que ya incorpora intrínsecamente la estructura de correlación y por tanto no tenemos que hacer nada más que comparar su media con el valor cero tal y como lo hacemos para una sola muestra. Es muy sencillo, pero esto es válido solamente para dos grupos, es decir, un factor con solamente dos niveles, también llamado binario. Para factores no binarios la solución no es tan sencilla puesto que habrá dos o más saltos.

Siguiendo con el ejemplo, podríamos tomar medidas del mismo paciente en el momento de diagnóstico, al cabo de un mes y al cabo de 3 meses. Obviamente, queremos medir la evolución del tumor con el tratamiento. El modelo para un número de repeticiones igual a J sería

$$y_{ij} = \mu + \alpha_i + \beta_j + \varepsilon_{ij}, \quad i = 1, \ldots, I; \, j = 1, \ldots, J,$$

donde y_{ij} es la observación para el i-ésimo sujeto en el momento j-ésimo, μ es la media general, α_i es el efecto del i-ésimo sujeto (reflejando la variabilidad entre sujetos), β_j es el efecto del j-ésimo momento (el factor dentro de los sujetos) y ϵ_{ij} es el error aleatorio asociado al i-ésimo sujeto en el j-ésimo momento. Representa la variabilidad residual después de tener en cuenta los efectos de los sujetos y de los momentos. Esta es la situación:

$$
\begin{pmatrix} y_{i1} \\ y_{i2} \\ \vdots \\ y_{iJ} \end{pmatrix} \sim \mathcal{N} \left(\begin{pmatrix} \mu + \alpha_i + \beta_1 \\ \mu + \alpha_i + \beta_2 \\ \vdots \\ \mu + \alpha_i + \beta_J \end{pmatrix}, \Sigma_0 \right).
$$

La matriz de covarianzas Σ_0 muestra la correlación entre las J mediciones en el mismo paciente. Puede estimarse de varias maneras, como ya se ha visto en el planteamiento general. La matriz Σ para todas las observaciones sería una matriz diagonal por cajas. Su dimensión global será J veces el número de sujetos, es decir,

$$
\begin{pmatrix} \Sigma_J & 0 & \cdots & 0 \\ 0 & \Sigma_J & \cdots & 0 \\ \vdots & \vdots & \vdots & \vdots \\ 0 & 0 & \cdots & \Sigma_J \end{pmatrix},
$$

Este modelo evalúa el efecto de un solo factor (tiempo, tratamiento...) sobre una variable respuesta numérica, teniendo en cuenta la variabilidad "dentro" de los sujetos, es decir entre las observaciones de un mismo sujeto. El contraste de hipótesis es más potente para detectar diferencias que el ANOVA de muestras independientes porque controla la variabilidad entre sujetos al usar cada sujeto como su propio control. Por eso siempre que se pueda se buscará un diseño de este tipo. Hemos hablado de medidas en distintos momentos, pero podría ser de otro tipo. Un ejemplo podría ser una muestra de hermanos gemelos en los que uno de ellos ha tenido un trasplante de médula, mientras el otro esta sano. Al cabo de un tiempo de recuperación podría medirse en cada uno los biomarcadores correspondientes. Aunque técnicamente son dos sujetos distintos no cabe duda de que el hecho de ser gemelos hace que las medida de un hermano esté correlacionada con la del otro. Por tanto se tratarían como medidas repetidas.

La variabilidad total (suma de cuadrados total) se descompone en este modelo como la suma de cuadrados intra sujetos y la suma de cuadrados entre sujetos. Una vez realizadas las estimaciones y hecha esta descomposición de la variabilidad, se deben verificar los supuestos básicos ya mencionados en los modelos lineales. En particular, la llamada *esfericidad* consiste en que las varianzas de las diferencias entre todas las combinaciones de grupos relacionados son iguales. Si no se cumple el supuesto de esfericidad, se pueden aplicar correcciones como Greenhouse-Geisser o Huynh-Feldt para ajustar los grados de libertad para las pruebas F. El estadístico F permite contrastar el efecto dentro de los sujetos dividiendo la media de los cuadrados de los efectos del tratamiento por el error cuadrático medio. Otro estadístico F permite determinar si el efecto del tratamiento es estadísticamente significativo.

Si el contraste sobre el tratamiento a lo largo del tiempo es significativo, es decir si se detecta que hay cambios significativos a lo largo de los distintos momentos entonces se realizan los contrastes post hoc para detectar dónde se producen esas diferencias. Puesto que son comparaciones múltiples, se puede utilizar la corrección de Bonferroni, para controlar la tasa de error de Tipo I.

Este análisis es muy útil en diseños experimentales donde los sujetos están expuestos a todos los niveles de la variable independiente, ya que permite un examen más eficiente y potente del efecto de esta variable sobre la variable dependiente, controlando las diferencias individuales. En modelos de dos factores con interacción el efecto de cada factor se contrasta dividiendo la suma de cuadrados media correspondiente a ese factor por la suma de cuadrados media de la interacción, y no del error como ocurría para efectos fijos. La interacción por su parte se contrasta de la misma manera que en los efectos fijos dividiendo la suma de cuadrados media correspondiente a la interacción por la del error. Lo vemos con más detalle en la siguiente sección.

8.3. Diseños con efectos aleatorios

Estos modelos vienen a generalizar los modelos ANOVA con medidas repetidas. Se suelen llamar modelos mixtos porque tienen una combinación de efectos fijos y aleatorios. Sirven a distintos propósitos con un denominador común. Consideremos un ejemplo sencillo con regresión lineal simple. Si la pendiente es un factor fijo se considera que ese es el factor de crecimiento (o decrecimiento) sea cual sea el sujeto. Si se quiere mostrar que ese factor de crecimiento en realidad depende de cada sujeto, convendrá considerar la pendiente como una variable aleatoria con una media fija, pero con una cierta variabilidad. Subyace en todo ello la existencia de observaciones correlacionadas debidas a un mismo sujeto, tal como se ha visto en las medidas repetidas.

Si suponemos que el término independiente es fijo y la pendiente aleatoria, podríamos expresarlo de la manera siguiente:

$$y = \alpha + \beta x + \varepsilon, \quad \varepsilon \sim \mathcal{N}(0, \sigma^2), \ \beta \sim \mathcal{N}(b, \sigma_\beta^2).$$

También puede expresarse así de modo equivalente:

$$y = \alpha + \beta x + bx + \varepsilon, \quad \varepsilon \sim \mathcal{N}(0, \sigma^2), \ \beta \sim \mathcal{N}(0, \sigma_\beta^2).$$

Se supone que las distribuciones del error y de los efectos son independientes entre sí. En cualquiera de los dos casos hay cuatro parámetros a estimar, α, b y σ_β^2 y σ^2

Conviene precisar que para un factor con efectos fijos el contraste de hipótesis es sobre el efecto fijo, que es un parámetro a estimar:

$$H_0 : \alpha = 0,$$
$$H_1 : \alpha \neq 0.$$

Sin embargo para efectos aleatorios el contraste se hace sobre la varianza de su distribución, puesto que se considera como variable aleatoria:

$$H_0 : \sigma_\beta^2 = 0,$$
$$H_1 : \sigma_\beta^2 \neq 0,$$

y también con el valor de la media, por ejemplo,

$$H_0 : b = 0,$$
$$H_1 : b \neq 0.$$

También se podría considerar b como un valor fijo de referencia y entonces no sería un parámetro a estimar.

La función de verosimilitud de n pares de observaciones correspondería a la de una normal multivariante con vector de medias $(\alpha + bx_1, \ldots, \alpha + bx_n)$ y la matriz de covarianzas vendría dada por $\sigma_\beta^2 X^T X + \sigma^2 I_n$, donde I_n es la matriz identidad de orden n y X es la matriz del diseño:

$$X = \begin{pmatrix} 1 & x_1 \\ \vdots & \vdots \\ 1 & x_n \end{pmatrix}.$$

Obsérvese que en este caso si conseguimos un diseño ortogonal, de modo que $X^T X$ sea diagonal, entonces las observaciones serían incorreladas, pero las varianzas serían distintas.

Para un modelo lineal mixto esta situación podría representarse matricialmente para n observaciones, del modo siguiente:

$$Y = X\beta + Xb + E,$$

donde X es la matriz del diseño, los errores siguen una normal de media 0 y varianza σ^2 y el vector de parámetros β sigue una distribución normal multivariante de vector de medias con todas sus componentes iguales a cero y de matriz de covarianzas Σ_β. Esto significa que el vector de observaciones Y sigue una distribución normal multivariante de vector de medias Xb y matriz de covarianzas igual a $X^T \Sigma_\beta X + \sigma^2 I_n$. Por tanto este modelo tiene un tratamiento equivalente al considerado en la sección 8.1. Veamos ahora un caso ilustrativo para calibrar las diferencias entre efectos fijos y aleatorios en el momento de descomponer la variabilidad para contrastar las hipótesis que correspondan.

8.3.1. Diseño factorial de dos factores y posibles efectos aleatorios

Del mismo modo que se ha planteado el problema de regresión, se puede plantear el problema de ANOVA con efectos aleatorios. En la práctica, la diferencia entre efectos fijos y aleatorios radica en que los efectos fijos se seleccionan a priori y se controlan en la planificación del diseño. Sin embargo, en los aleatorios los niveles se seleccionan al azar o después de haberse recogido los datos. Por ejemplo, en los diseños en bloques aleatorizados es frecuente que una vez que se han hecho los experimentos nos encontremos con una variable inesperada influyente, que nos obliga a considerarla en el modelo estableciendo unas categorías (bloques) a posteriori. El efecto de esta variable deberá entonces considerarse como aleatorio. El ejemplo podría ser el mismo que se consideró en su momento, de una plantación en la que la división en bloques se hacer después de la recolección. En las siguientes secciones veremos dos situaciones naturales en las que es necesario utilizar efectos aleatorios, diseños jerárquicos y diseños split-plot.

Consideremos con detalle un diseño con dos factores con posibles efectos fijos y aleatorios. Esto nos dará una idea de lo que significa en términos de análisis considerar o no efectos aleatorios. El modelo de dos factores con interacción, sea con efectos aleatorios o no, se puede expresar como

$$y_{ijr} = \mu + \alpha_i + \beta_j + (\alpha\beta)_{ij} + \varepsilon_{ijr},$$

donde estamos considerando I niveles en el primer factor y J niveles en el segundo. Además el número de réplicas para cada combinación de niveles sería R. La distribución de los errores será como siempre una normal de media 0 y varianza σ^2. La media global μ se considerará en todos los casos como efecto fijo a estimar. En este ejemplo con dos factores vamos a considerar las tres situaciones típicas que pueden presentarse para hacer un estudio comparativo:

i) Los dos factores tienen efectos fijos: En este caso se asume que $\sum_i \alpha_i = \sum_j \beta_j = \sum_i (\alpha\beta)_{ij} = \sum_j (\alpha\beta)_{ij} = 0$, $i = 1, \ldots, I$; $j = 1, \ldots, J$, como ya hemos visto en el Capítulo 4.

ii) Los dos factores tienen efectos aleatorios: $\alpha_i \sim \mathcal{N}(0, \sigma_\alpha^2)$, $\beta_j \sim \mathcal{N}(0, \sigma_\beta^2)$, $(\alpha\beta)_{ij} \sim \mathcal{N}(0, \sigma_{\alpha\beta}^2)$. Todas las distribuciones son independientes. Los contrastes de hipótesis que se plantean son ahora son sobre los parámetros μ, σ^2, σ_α^2, σ_β^2 y $\sigma_{\alpha\beta}^2$.

iii) Modelo mixto: El efecto de un factor es fijo, por ejemplo α_i y el del otro factor es aleatorio, entonces las condiciones son ahora: $\sum_i \alpha_i = \sum_i (\alpha\beta)_{ij} = 0$, $j = 1, \ldots, J$; $\beta_j \sim \mathcal{N}(0, \sigma_\beta^2)$, $(\alpha\beta)_{ij} \sim \mathcal{N}\left(0, \frac{I-1}{I}\sigma_{\alpha\beta}^2\right)$, $\sum_i (\alpha\beta)_{ij} = 0$, $j = 1, \ldots, J$. Esta última condición hace que la siguiente covarianza no sea nula: $\mathrm{cov}((\alpha\beta)_{ij}, (\alpha\beta)_{i'j}) = -\frac{1}{I}\sigma_{\alpha\beta}^2$, $i \neq i'$.

Como hemos venido observando, en el ANOVA la suma de cuadrados total se descompone en fuentes da variación, efectos principales, interacciones y errores,

$$\sum_{ijr}(y_{ijr} - y_{...})^2 = JR\sum_i (y_{i..} - y_{...})^2 + IR\sum_j (y_{.j.} - y_{...})^2 + R\sum_{ij}(y_{ij.} - y_{i..} - y_{.j.} + y_{...})^2 + \sum_{ijr} e_{ijr}^2,$$

	gl	i)	ii)	iii)
var(y)	σ^2	$\sigma^2 + \sigma_\alpha^2 + \sigma_\beta^2 + \sigma_{\alpha\beta}^2$	$\sigma^2 + \sigma_\beta^2 + \frac{I-1}{I}\sigma_{\alpha\beta}^2$	
E(MS_A)	$I-1$	$\sigma^2 + \frac{JR\sum_i \alpha_i^2}{I-1}$	$\sigma^2 + JR\sigma_\alpha^2 + R\sigma_{\alpha\beta}^2$	$\sigma^2 + \frac{JR\sum_i \alpha_i^2}{I-1} + R\sigma$
E(MS_B)	$J-1$	$\sigma^2 + \frac{IR\sum_i \beta_i^2}{J-1}$	$\sigma^2 + IR\sigma_\beta^2 + R\sigma_{\alpha\beta}^2$	$\sigma^2 + IR\sigma_\beta^2$
E(MS_{AB})	$(I-1)(J-1)$	$\sigma^2 + \frac{R\sum_{ij}(\alpha\beta)_{ij}^2}{I-1}$	$\sigma^2 + R\sigma_{\alpha\beta}^2$	$\sigma^2 + R\sigma_{\alpha\beta}^2$
E(MSE)	$IJ(R-1)$	σ^2	σ^2	σ^2
Hipótesis H_0		$\begin{array}{c}\alpha_i = 0 \\ \beta_j = 0 \\ (\alpha\beta)_{ij} = 0\end{array}$	$\begin{array}{c}\sigma_\alpha^2 = 0 \\ \sigma_\beta^2 = 0 \\ \sigma_{\alpha\beta}^2 = 0\end{array}$	$\begin{array}{c}\alpha_i = 0 \\ \sigma_\beta^2 = 0 \\ \sigma_{\alpha\beta}^2 = 0\end{array}$
Contrastes F		$\frac{MS_A}{MSE}, \frac{MS_B}{MSE}, \frac{MS_{AB}}{MSE}$	$\frac{MS_A}{MS_{AB}}, \frac{MS_B}{MS_{AB}}, \frac{MS_{AB}}{MSE}$	$\frac{MS_A}{MS_{AB}}, \frac{MS_B}{MSE}, \frac{MS}{MS}$
Estimadores			$\begin{array}{l}\sigma_{\alpha\beta}^2 = \frac{MS_{AB}-MSE}{R} \\ \sigma_\alpha^2 = \frac{MS_A - MS_{AB}}{JR} \\ \sigma_\beta^2 = \frac{MS_B - MS_{AB}}{IR}\end{array}$	$\begin{array}{l}\sigma_{\alpha\beta}^2 = \frac{MS_{AB}-MS}{R} \\ \sigma_\beta^2 = \frac{MS_B - MS_A}{IR}\end{array}$

Tabla 8.1: Modelos de dos factores

donde $e_{ijr} = y_{ijr} - y_{ij.}$ son los residuos y $y_{ij.}$ es la predicción de y_{ijr} hecha con el modelo. La primera suma, que corresponde a la variabilidad de los estimadores de α_i tiene $I-1$ grados de libertad (gl), la segunda corresponde a β_j con $J-1$ gl, la tercera a las interacciones con $(I-1)(J-1)$ gel y la cuarta a los residuos con $IJ(R-1)$ gl. Más simplificadamente podemos poner esta descomposición de la manera siguiente:

$$SST = SS_A + SS_B + SS_{AB} + SSE,$$

Dividiendo cada término por sus gl tenemos las medias de las sumas de cuadrados, que se denotan respectivamente por

$$MS_A = \frac{SS_A}{I-1}, \ MS_B = \frac{SS_B}{J-1}, \ MS_{AB} = \frac{SS_{AB}}{(I-1)(J-1)}, \ MSE = \frac{SSE}{IJ(R-1)} = \hat{\sigma}^2.$$

La tabla ANOVA se construye calculando el valor esperado de las sumas de cuadrados medias, es decir, divididas por sus correspondientes gl. La tabla 8.1 muestra la situación correspondiente a cada uno de los casos considerados.

En todos los casos el *coeficiente de determinación* es

$$R^2 = \frac{SS_M}{SST} = \frac{SS_A + SS_B + SS_{AB}}{SST}.$$

Este es un concepto aplicable a cualquier modelo lineal, sea de ANOVA o de regresión y se interpreta como la variabilidad de la respuesta que explica el modelo.

8.3.2. Diseños jerárquicos con efectos aleatorios

En algunos casos los niveles de un segundo factor son específicos para cada nivel del primer factor. Por ejemplo, si en un estudio con animales se considera como nivel principal el género y como nivel anidado la especie, cada una de estas últimas está asociada a un solo género. Esto hace que no tengan sentido las interacciones, y además los efectos de los niveles del segundo factor estarán asociados a los del primero. Esto determina el modelo,

$$y_{ijr} = \mu + \alpha_i + \beta_{j(i)} + \varepsilon_{(ij)r}, \quad \varepsilon \sim \mathcal{N}(0, \sigma^2),$$

donde los errores son independientes y estamos considerando I niveles en el primer factor y J niveles en el segundo, asociados al nivel i del primer factor. No tendría por que ser el mismo J en todos los valores de i, pero lo consideramos así en este caso por simplificar la notación y la explicación. Además el número de réplicas para cada combinación de niveles sería R, que también lo consideramos igual.

Si se pueden controlar los niveles y las réplicas, entonces el modelo sería de efectos fijos con un tratamiento semejante al que ya hemos visto en los capítulos anteriores. Sin embargo es frecuente que este tipo de diseños provengan de un muestreo en algunos de los factores o en todos. Tenemos entonces el caso que acabamos de estudiar en la sección previa, con un tratamiento semejante.

8.3.3. Diseños Split-plot

Los diseños factoriales completos y replicados son la mejor opción siempre, puesto que permiten contrastar todas los efectos posibles. Ya hemos visto que en la esto no siempre es posible, fundamentalmente por razones de disponibilidad de recursos, de un modo o de otro. Un diseño factorial completo de 10 factores con 5 niveles cada uno requeriría casi 10 millones de experimentos. Los diseños factoriales fraccionales permiten reducir el número de experimentos de manera que las interacciones de mayor interés puedan estimarse y contrastarse. En un primer paso en el que hay muchos factores, reducirlos a dos niveles ayuda a hacer un screening para seleccionar finalmente unos pocos factores. Pero ya en una segunda fase con un número razonable de factores ocurre a veces que los experimentos son muy caros o difíciles de realizar y entonces conviene realizarlos de la manera más eficiente, aunque fallen algunos de los principios que hemos exigido en capítulos anteriores.

En particular, puede ocurrir que haya factores cuyos niveles son fáciles de cambiar y otros que son más difíciles de cambiar. Eso nos lleva a realizar todos los experimentos posibles en cada uno de los niveles de estos últimos factores, aunque falle el principio de aleatorización de los experimentos y se introduzca un nuevo factor que tiene en cuenta esa falta de independencia. Veamos estos conceptos con un ejemplo.

Supongamos que se quieren probar distintos tipos de masa para hacer pan. Cada tipo de masa tendrá unas características determinadas correspondientes a cada uno de sus componentes. Se consideran los factores siguientes: tres tipos de harina, cinco tiempos distintos de cocción, dos tipos de levadura y cinco posibles cantidades de sal. Se combinan todos los niveles posibles, de modo que serían necesarios 150 tipos de masa, que debería multiplicarse por un número de réplicas, por ejemplo 3, dando lugar a 450 masas. Llega el momento de meterlos en el horno, en el que podrían hacerse al mismo tiempo hasta 9 panes. El principio de aleatorización exigiría meter uno cada vez con el consiguiente coste y tiempo. Mientras que si meten 9 masas en el horno cada vez, bastaría con 50 hornadas, 10 de ellas para cada tiempo de cocción. Habría que considerar entonces un nuevo factor bloque, que sería la hornada y que tendrá un efecto aleatorio. El factor difícil de cambiar es el tiempo, que se llama 'whole-plot, mientras que los otros factores son el split-plot.

Para mostrar el modelo vamos a simplificar el problema reduciendo los niveles de interés a los tipos de harina (3) y los tiempos de cocción (5) con tres réplicas. Se formarán por tanto 45 masas, y se introducirán aleatoriamente en el horno 9 cada vez (3 de cada tipo de harina), dando lugar a 5 hornadas, una para cada tiempo de cocción. El modelo sería entonces

$$y_{isjr} = \mu + \alpha_i + \varepsilon_{is}^W + \beta_j + (\alpha\beta)_{ij} + \varepsilon_{jr(is)}, \quad \epsilon_{is}^W \sim \mathcal{N}(0, \sigma_W^2), \quad \varepsilon_{jr(is)} \sim \mathcal{N}(0, \sigma^2),$$

donde $i = 1, \ldots, I$ son lo niveles del primer factor (whole); $j = 1, \ldots, J$ son los niveles del segundo factor (split); $r = 1, \ldots, R$ y $s = 1, \ldots, S$ son las réplicas en cada uno de ellos. En nuestro ejemplo $I = 5$, $J = 3$, $S = 3$ y $R = 3$.

8.4.   Efectos aleatorios con R

La siguiente sintaxis se muestra sin mucha explicación. Alguien con conocimientos mínimos de R y habiendo comprendido los conceptos introducidos en este capítulo debería ser capaz de entender el procedimiento e interpretar los resultados. Se ha de tener el cuenta que copiar y pegar esta sintaxis podría no funcionar. Aunque aparentemente los símbolos copiados parezcan correctos, podrían ser otros con el mismo aspecto, que el editor de R podría no interpretar adecuadamente.

8.4.1.   Un factor

```
weight <- c(61, 100,  56, 113,  99, 103,  75,  62,   # ternera 1
            75, 102,  95, 103,  98, 115,  98,  94,   # ternera 2
            58,  60,  60,  57,  57,  59,  54, 100,   # ternera 3
            57,  56,  67,  59,  58, 121, 101, 101,   # ternera 4
            59,  46, 120, 115, 115,  93, 105,  75)   # ternera 5

ternera    <- factor(rep(1:5, each = 8)) # 5 terneras alimentadas cada una
    con  8 tipos diferentes de pienso
```

```
 8
 9  animals <- data.frame(weight, ternera)
10  str(animals)
11
12  stripchart(weight ~ ternera, vertical = TRUE, pch = 1, xlab = "ternera",
        data = animals)
13
14  library(lme4)
15  fit.animals <- lmer(weight ~ (1 | ternera), data = animals)
16
17  options(contrasts = c("contr.sum", "contr.poly"))
18
19  fit.animals.aov <- aov(weight ~ sire, data = animals)
20
21  confint(fit.animals.aov)
22  summary(fit.animals)
23  confint(fit.animals, oldNames = FALSE)
24
25  ranef(fit.animals)
26
27  plot(fit.animals) # Grafico de residuos
28
29  par(mfrow = c(1, 2))
30  qqnorm(ranef(fit.animals)$sire[,"(Intercept)"], main = "Random effects")
31  qqnorm(resid(fit.animals), main = "Residuals")
```

8.4.2. Dos factores

```
 1  book.url <- "https://stat.ethz.ch/~meier/teaching/book-anova"
 2  quality <- readRDS(url(file.path(book.url, "data/quality.rds")))
 3  str(quality)
 4
 5  xtabs(~ batch + employee, data = quality)
 6
 7  with(quality, interaction.plot(x.factor = batch,
 8                                 trace.factor = employee,
 9                                 response = score))
10
11  fit.quality <- lmer(score ~ (1 | employee) + (1 | batch) +
12                      (1 | employee:batch), data = quality)
13
```

```
14  summary(fit.quality)
15  confint(fit.quality, oldNames = FALSE)
```

8.4.3.   Modelo de efectos mixtos

```
1   #Ejemplo 1
2
3   data("Machines", package = "nlme")
4   class(Machines) <- "data.frame"
5
6   Machines[, "Worker"] <- factor(Machines[, "Worker"], levels = 1:6,
7                                   ordered = FALSE)
8
9   str(Machines, give.attr = FALSE) # give.attr to shorten output
10
11  ggplot(Machines, aes(x = Machine, y = score, group = Worker, col = Worker))
      +
12
13    geom\_point() + stat\_summary(fun = mean, geom = "line") + theme\_bw()
14
15  with(Machines, interaction.plot(x.factor = Machine,
16                                  trace.factor = Worker,
17                                  response = score))
18
19  fit.machines <- lmer(score ~ Machine + (1 | Worker) +
20                         (1 | Worker:Machine), data = Machines)
21
22  options(contrasts = c("contr.treatment", "contr.poly"))
23
24  install.packages("lmerTest")
25  library(lmerTest)
26
27  fit.machines <- lmer(score ~ Machine + (1 | Worker) +
28                         (1 | Worker:Machine), data = Machines)
29
30  anova(fit.machines) # Type III ANOVA with Satterthwaite's method
31
32  summary(fit.machines)
33  confint(fit.machines, oldNames = FALSE)
34  plot(fit.machines)
35
```

```
36  par(mfrow = c(1, 3))
37  qqnorm(ranef(fit.machines)$Worker[, 1],
38          main = "Random effects of worker")
39  qqnorm(ranef(fit.machines)$'Worker:Machine'[, 1],
40          main = "Random interaction")
41  qqnorm(resid(fit.machines), main = "Residuals")
42
43  fit.machines.aov <- aov(score ~ Machine * Worker, data = Machines)
44  summary(fit.machines.aov)
```

```
1   #Ejemplo 2
2
3   book.url <- "http://stat.ethz.ch/~meier/teaching/book-anova"
4
5   chocolate <- read.table(file.path(book.url, "data/chocolate.dat"),
6                           header = TRUE)
7
8   chocolate[,"rater"]      <- factor(chocolate[,"rater"])
9   chocolate[,"background"] <- factor(chocolate[,"background"])
10  str(chocolate)
11
12  ggplot(chocolate, aes(x = choc, y = y,
13                        group = interaction(background, rater),
14                        color = background)) +
15    stat\_summary(fun = mean, geom = "line") + theme\_bw()
16
17  fit.choc <- lmer(y ~ background * choc + (1 | rater:background) +
18                   (1 | rater:background:choc), data = chocolate)
19
20  anova(fit.choc) # Type III ANOVA with Satterthwaite's method
21
22  chocolate[,"unique.rater"] <- with(chocolate,
23                              interaction(background, rater))
24  str(chocolate)
25
26  fit.choc.aov <- aov(y ~ background * choc +
27                      Error(unique.rater/choc), data = chocolate)
28
29  summary(fit.choc.aov)
```

```
1   # Factores anidados
2
```

```
3  data("Pastes", package = "lme4")
4  str(Pastes)
5  library(ggplot2)
6
7  ggplot(Pastes, aes(y = cask, x = strength)) + geom\_point() +
8      facet\_grid(batch ~ .)
9
10 fit.paste <- lmer(strength ~ (1 | batch/cask), data = Pastes)
11 summary(fit.paste)
```

Capítulo 9

Análisis de superficie de respuesta

Los ingredientes de este problema son varias variables explicativas numéricas, x, y una variable de respuesta, y, que se debe optimizar (por ejemplo maximizar), en función de los valores de x. Existe la posibilidad de observar y para valores seleccionados de x. Se puede utilizar la analogía de alguien que quieres subir una montaña con los ojos vendados. Primero, comprobamos si estamos cerca de la cima de la montaña probando movimientos en diferentes direcciones. En la dirección en la que la sensación de subir es mayor (gradiente) es en la que se debe seguir. Se podría decir que el esfuerzo realizado en cada movimiento será proporcional al gradiente. En una posición alejada de la cima no suele haber curvatura y un modelo de regresión lineal puede ajustarse muy bien en un entorno. Sin embargo, cerca de la cima existe curvatura, lo que significa que un modelo de regresión cuadrática se ajusta significativamente mejor que un modelo de regresión lineal.

Por tanto si el modelo cuadrático no mejora significativamente al lineal, este proporcionará el gradiente de máxima pendiente. Se seguirá buscando en esa dirección hasta que aparezca la sensación de estar descendiendo. El proceso se repite hasta que el modelo cuadrático ajustado sea significativamente mejor.

Un ejemplo real ilustrará este procedimiento (Arévalo-Villena et al., 2011). En el proceso de fermentación del vino, existen diferentes variables que se deben optimizar. Específicamente, el objetivo consiste en encontrar condiciones para maximizar la actividad enzimática (variable de respuesta). Es particularmente importante detectar la acción de un péptido en ella. Las variables explicativas consideradas en un primer paso se reducen a dos niveles cada una (Tabla 9.1).

AGITACIÓN	TEMPERATURA	TWEEN	TIEMPO	PÉPTIDO
20 rpm (1)	18° C (1)	Con (1)	12 horas (1)	Con (1)
150 rpm (-1)	28° (-1)	Sin (-1)	48 horas (-1)	Sin (-1)

Tabla 9.1: Variables explicativas de dos niveles

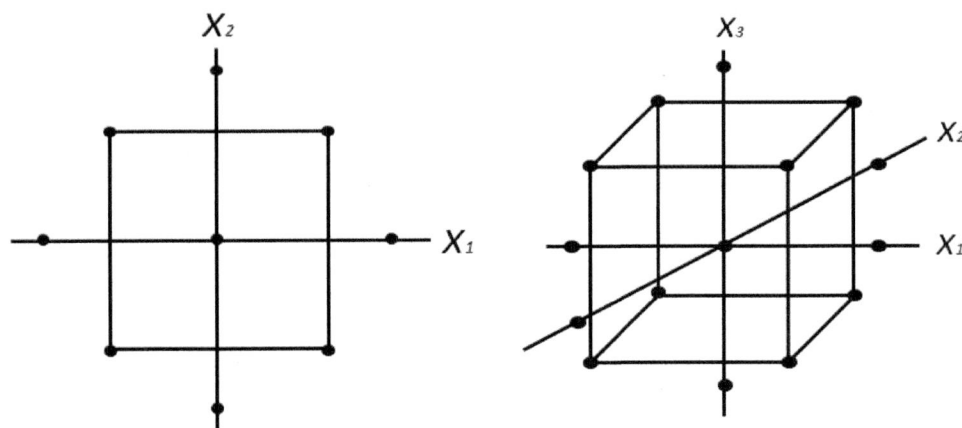

Figura 9.1: Diseños estrella y compuestos

Los pasos de todo el proceso se resumen de la siguiente manera para este ejemplo:

1. Identificar factores significativos usando un diseño factorial de dos niveles replicado 2^5 para los niveles estándar. En este caso, se eligieron dos factores: AGITACIÓN y PÉPTIDO. Este proceso que habitualmente comienza con muchos factores se suele llamar *screening* (cribado) de variables.

2. Se utilizó un diseño factorial de $2^2 + 3$ puntos centrales para estos dos factores.

3. Se ajustaron lineales y cuadráticos y se realizó un contraste de discriminación entre modelos lineales y cuadráticos.

   - Si el modelo lineal no es significativamente peor que el modelo cuadrático, entonces deberíamos buscar en la dirección del gradiente del plano ajustado hasta que la respuesta disminuya.

   - Si el modelo cuadrático es significativamente mejor, deberíamos utilizar nuevamente un diseño compuesto con un diseño estrella a una distancia al centro de $1+\alpha$ (α se elige frecuentemente como $\sqrt{2}$). La Figura 9.1 muestra algunos ejemplos en dos y tres dimensiones.

4. Análisis canónico del modelo cuadrático ajustado, es decir, trazar el gráfico de contorno y estudiar la situación. Podemos tener las siguientes situaciones:

   - Si el aspecto del gráfico es similar a la Figura 9.2(a), hay un punto de silla y debemos buscar en ambos sentidos para maximizar.

Figura 9.2: Punto silla (a), Cresta (b), Parábola (c), Óptimo (d)

- Si el gráfico es similar a la Figura 9.2(b), se muestra un "collado" y debemos buscar en ambos sentidos hasta encontrar algún punto en el que la superficie comienza a aumentar.

- Si el gráfico se asemeja a la Figura 9.2(c), muestra una parábola que indica una dirección de maximización.

- De lo contrario, si el gráfico se parece a la Figura 9.2(d), hay un máximo local y solo necesitamos calcularlo utilizando el polinomio ajustado. Este es el final del procedimiento.

En el ejemplo considerado, el polinomio final ajustado fue:

$$y = -98{,}78 + 1294\,S + 6{,}99\,P - 0{,}0039\,S^2 - 0{,}1828\,P^2 - 0{,}00788\,SP,$$

donde S es la variable de agitación y P es la cantidad de péptido. La Figura 9.3 muestra la superficie. Es fácil encontrar el máximo de esta función, que se alcanza en $S = 150$ rpm y $P = 16$ g/L.

Una mejora adicional es incluir el coste del péptido en la función objetivo, lo que tiene sentido para evitar gastos demasiado grandes en este producto.

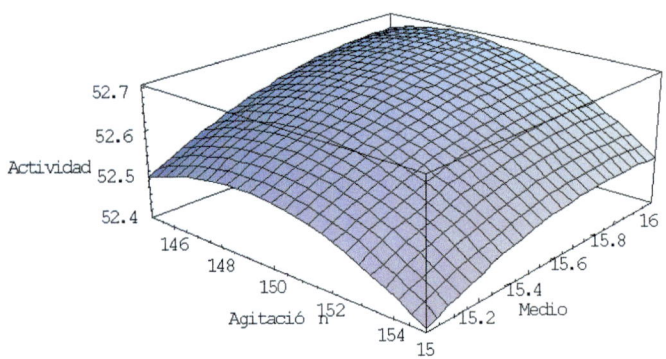

Figura 9.3: Modelo ajustado en el ejemplo

Capítulo 10

Diseño óptimo de experimentos

Un enfoque diferente, aunque complementario, es el de Diseño óptimo de experimentos (OED). Al añadir la palabra "optimo" el planteamiento cambia sustancialmente, aunque el objetivo siga siendo el mismo y la teoría estudiada hasta ahora podría considerarse como parte del OED. El objetivo será la optimización de funciones objetivo convexas de la matriz de covarianza de las estimaciones de los parámetros, ya sea en regresión, ANOVA o en las combinaciones de ambos tipos de variables explicativas (ANCOVA). Una característica esencial es que OED está orientado al modelo, pero no está determinado por su estructura como sucede con el DOE clásico para ANOVA.

10.1. Conceptos básicos

Pensemos en un modelo que relaciona unas variables explicativas, que denotaremos por x, que puede ser un escalar o un vector de variables, con una variable respuesta y, tal como hicimos con el modelo (3.1),

$$y = f^T(x)\theta + \varepsilon, \quad x \in \chi, \quad \varepsilon \sim \mathcal{N}(0, \sigma^2),$$

donde estamos asumiendo que θ es el vector de parámetros que hemos de estimar para ajustar el modelo, $f^T(x) = (f_1(x), \ldots, f_m(x))$ es una función vectorial continua con sus términos linealmente independientes, χ es el *espacio de diseño* y los errores ε, o lo que es lo mismo las observaciones y, siguen una distribución normal con varianza constante y son todos independientes.

Diseñar un experimento consiste en fijar unas condiciones experimentales, es decir unos valores específicos de x: $x_1, \ldots, x_n$, donde puede haber replicas, indicando que varios experimentos se realizarán de modo independiente en las mismas condiciones. A esta colección de valores la llamaremos *diseño (experimental) exacto de tamaño n*. Una vez realizados los experimentos se obtendrán unas respuestas independientes: $y_1, \ldots, y_n$. Con estos datos se procederá a estimar los parámetros, $\theta_1, \ldots, \theta_m, \sigma^2$, por ejemplo calculando los MLE. Finalmente se harán las inferencias necesarias, bien sobre los parámetros, funciones de estos o predicciones.

Como se ha indicado, algunas de las condiciones experimentales $x_1, \ldots, x_n$ podrían estar replicadas. De este modo podría definirse una medida de probabilidad sobre el espacio χ, de la forma siguiente: $\xi_n(x) = \frac{n_x}{n}$, donde n_x es el número de veces que x aparece en el diseño. Para algunos, o muchos, valores de x, $\xi_n(x) = 0$. Esto sugiere la idea de generalizar el concepto de diseño exacto a cualquier medida de probabilidad sobre χ. Estos diseños extendidos se llaman *diseños aproximados*, puesto que para llevarlos a la práctica no queda más remedio que aproximarlos por un diseño exacto y así parece que después de esta abstracción volvemos al mismo sitio de partida. No es una idea perversa de un matemático puro con afán de conseguir que nadie entienda lo que comenzó siendo muy sencillo. Es simplemente que al considerar el espacio de diseños aproximados existen resultados teóricos que permiten:

1. Determinar si un diseño particular es óptimo o no.

2. Desarrollar algoritmos que permitan calcular diseños óptimos.

3. Construir cotas para la eficiencia, es decir, la bondad de un diseño.

4. En casos sencillos puede ayudar a buscar una solución exacta sin acudir a los citados algoritmos.

Se ha hablado de optimizar un diseño, pero en qué consiste eso. Ya vimos en capítulos anteriores propiedades de los diseños que se podrían optimizar, como es, por ejemplo, la aberración, la resolución, la ortogonalidad, etc. En este capítulo daremos un enfoque más global, que va a la raíz de lo que se busca. Los estimadores son aproximaciones a un supuesto valor verdadero de los parámetros, de la respuesta en un punto, etc. Queremos que estas aproximaciones sean buenas, es decir, que tengan la mínima variabilidad posible. Un modo de medir esta variabilidad es la varianza de los estimadores, también llamada error típico o estándar. Además ya se ha comentado la importancia de que la covarianza entre los estimadores sea también lo mas pequeña posible, y si es posible cero, como ocurre con los diseños ortogonales. Por tanto nuestro objetivo está en la matriz de varianza y covarianzas de los estimadores, que para el modelo antes mencionado ya sabemos calcular (Sección 3.3):

$$\Sigma_{\hat\theta} = \sigma^2 (X^T X)^{-1} = \sigma^2 n^{-1} M^{-1}(\xi),$$

donde hemos aprovechar par definir la *matriz de información* asociada a un diseño aproximado como

$$M(\xi) = \int_{\chi} f(x) f^T(x) \xi(dx),$$

teniendo en cuenta que para un diseño exacto se puede poner

$$X^T X = n \sum_{i=1}^{n} f(x) f^T(x) \xi_n(x).$$

Esta matriz es simétrica, semidefinida positiva y es singular si el número de puntos diferentes en el diseño es menor que el número de parámetros. Solamente depende del diseño experimental. Dar la vuelta a un diseño aproximado para convertirlo en uno exacto no es una cuestión trivial, especialmente si se trata de una distribución continua. Buscar diseños óptimos entre el complejo mundo de las medidas de probabilidad tampoco parece sencillo. La aditividad de la matriz de información permite poner esta como una combinación convexa de matrices de información unipuntuales. Todo ello en el espacio euclídeo de las matrices. Se puede entonces aplicar el teorema de Caratheodory, que asegura que para cualquier matriz de información siempre existe un diseño con a lo sumo $\frac{1}{2}m(m+1)+1$ puntos diferentes, que tiene esa matriz asociada. Podemos entonces considerar diseños con soporte finito, del tipo:

$$\xi = \left\{ \begin{array}{cccc} x_1 & x_2 & \dots & x_k \\ p_1 & p_2 & \dots & p_k \end{array} \right\},$$

cuyas matrices de información siguen cubriendo todo el espacio $\mathcal{M}$ generado por todas las medidas de probabilidad posibles. El lector interesado en la demostración rigurosa de todo esto puede consultar el libro López-Fidalgo (2023).

En la práctica será necesario utilizar una aproximación, $n_i \approx n\xi(x_i)$, para el número de experimentos que se han de realizar en las condiciones experimentales x_i, $\sum_i n_i = n$. Veamos un ejemplo en el que se aprecia que esto no es tan sencillo.

Ejemplo 10.1. Redondeos de un diseño aproximado.

Supongamos que se ha obtenido el diseño siguiente y se quiere llevar a la práctica,

$$\xi = \left\{ \begin{array}{ccc} 0 & 0,5 & 1 \\ 0,2 & 0,4 & 0,4 \end{array} \right\}.$$

Si solamente se pueden realizar $n = 12$ experimentos, tendríamos las siguientes posibilidades de redondeo, más razonables:

aproximadamente $0,2 \times 12 = 2,4$	2	3	3	*experimentos en* 0,
aproximadamente $0,4 \times 12 = 4,8$	5	4	5	*experimentos en* 0,5,
aproximadamente $0,4 \times 12 = 4,8$	5	5	4	*experimentos en* 1.

No necesariamente el mejor, de acuerdo a un criterio determinado, es el resultante de un redondeo típico al entero más próximo. Además, un redondeo así nos podría llevar a realizar menos de los experimentos de los presupuestados, con un desperdicio de presupuesto que al final podría ser crucial para demostrar lo que queremos. También podría ocurrir que se necesitaran más de los presupuestados y que tuviéramos que renunciar a algún experimento con la necesidad de elegir cuál de acuerdo a algún criterio. Por eso lo más razonable es construir los diseños exactos de tamaño n más cercanos y razonables y elegir el que proporcione un mejor valor de la función criterio.

Ejemplo 10.2. Matriz de información de un diseño.

Consideremos un modelo de regresión lineal simple:

$$y = \alpha_0 + \alpha_1 x + \varepsilon, \; x \in \chi = [0,1], \; f(x) = (1,x)^T,$$

y el diseño

$$\xi = \left\{ \begin{array}{ccc} 0 & 0{,}5 & 1 \\ 0{,}2 & 0{,}4 & 0{,}4 \end{array} \right\}.$$

La matriz de información asociada es

$$M(\xi) \;=\; \sum_{i=1}^{3} \left(\begin{array}{cc} 1 & x_i \\ x_i & x_i^2 \end{array} \right) p_i = \left(\begin{array}{cc} 1 & 0{,}6 \\ 0{,}6 & 0{,}5 \end{array} \right)$$

10.2. Criterios de optimización

Pero minimizar la matriz de covarianzas, que seria proporcional a la que estamos llamando matriz de información, en sí mismo es un problema multiobjetivo. Por eso se han desarrollado criterios de optimización que obedecen a distintas propiedades. Un criterio viene definido por una función $\Phi : \mathcal{M} \to [0,+\infty)$ que ha de ser minimizada. En realidad es más bien una función de M^{-1}, proporcional a la matriz de covarianzas, que es nuestro objetivo. Debe ser decreciente, de modo que se buscan de acuerdo a ese criterio, las mejores estimaciones de los parámetros. Puede ser global, si el interés está en estimar bien el modelo en su conjunto o parcial si el interés se centra en parte de los parámetros o alguna función de ellos. Si la función criterio es homogénea positiva, es decir $\Phi(\delta M) = \frac{1}{\delta}\Phi(M), \quad \delta > 0$, la eficiencia de un diseño tendrá una interpretación estadística muy práctica y fácil de explicar a quien no esté familiarizado con esta teoría. Diremos que ξ^* es un **diseño Φ-óptimo** si minimiza Φ.

Para cualquier criterio Φ, la eficiencia de un diseño ξ se define como

$$\frac{\Phi[M(\xi^*)]}{\Phi[M(\xi)]},$$

donde ξ^* es un diseño Φ-óptimo. Este número estará siempre entre 0 y 1 y se suele multiplicar por 100 para interpretarlo en términos porcentuales. En general no tiene porque tener una interpretación lineal. Si la función criterio es homogénea positiva entonces hay una interpretación lineal y además muy práctica. Así, por ejemplo, si un diseño tiene una eficiencia del 70 %, el uso del diseño óptimo nos permitiría obtener los mismo resultados solo con un 70 % del tamaño de los datos.

Una propiedad que cumplen muchos de los criterios utilizados en la práctica es la convexidad:

$$\Phi[(1 - \epsilon)\xi + \epsilon\xi'] \leqslant (1 - \epsilon)\Phi(\xi) + \epsilon\Phi(\xi'), \quad \epsilon \in [0, 1], \quad \xi, \xi' \in \Xi.$$

La convexidad enmarca el problema de encontrar el mejor diseño en la teoría de optimización convexa. Entre otras cosas, evita el llamado problema de los óptimos locales, que son los mejores en la zona en la que se encuentran, pero que pueden estar muy lejos de ser óptimos globales. Muchos algoritmos de optimización tienen el peligro de caer en óptimos locales como en un agujero negro. Una función convexa sin embargo no tiene óptimos locales que no sean globales. Adicionalmente la convexidad hace que la función sea continua en y diferenciable en todos los puntos menos en un conjunto numerable. El mínimo podría ser uno de esos puntos en que no es diferenciable, complicando su búsqueda cuando se utilizan algoritmos basados en el gradiente. Sin embargo la derivada direccional existe siempre y está en la base de uno de los resultados más valiosos en este campo, el llamado *Teorema General de Equivalencia (GET)*. Este teorema, para criterios diferenciables nos dice que un diseño ξ^* es Φ-óptimo si y solo si $\psi(x, \xi^*) \geqslant 0$, $x \in \chi$, donde se define la **función de sensibilidad** como:

$$\psi(x, \xi) \;=\; f^T(x)\nabla\Phi[M(\xi)]f(x) - \mathrm{tr}M(\xi)\nabla\Phi[M(\xi)].$$

Además la igualdad se produce en los puntos de soporte del diseño, aunque podría haber otros puntos en los que haya igualdad y no estén en le diseño.

El más popular es el criterio de D-optimización, que minimiza el determinante de la matriz de covarianzas, es decir la inversa de la matriz de información. Esto no es un capricho matemático sino que tiene una interpretación estadística interesante. En particular, un diseño D-óptimo será el que produzca un elipsoide de confianza de los parámetros con mínimo volumen. Minimizar cualquier región de confianza es siempre muy deseable y también muy intuitivo de la bondad del ajuste del modelo. Además el teorema de equivalencia mencionado nos asegura en este caso que también se optimiza la peor de las predicciones de las observaciones. A este último criterio se le llama G-optimización. La D-eficiencia de un diseño ξ viene dada por:

$$\left(\frac{\det[M(\xi)]}{\det[M(\xi^*)]}\right)^{1/m},$$

donde ξ^* es un diseño D-óptimo y m el número de parámetros del modelo.

10.3. Críticas a la teoría del diseño óptimo de experimentos

El diseño de experimentos en general y el óptimo en particular, reciben muchas críticas, especialmente porque se determinan antes de tener los datos y se hacen suposiciones que podrían estar lejos de cumplirse. Adicionalmente el llamado diseño óptimo de experimentos está basado siempre en un modelo, que es una suposición muy fuerte cuando aún no se dispone de datos. En esta sección vamos a analizar algunas de las críticas intentando dar respuestas convincentes que muestren las bondades de esta teoría y también cómo ha de aplicarse en la práctica.

10.3.1. Elección a priori del modelo, sin datos

La teoría del diseño óptimo se basa en el modelo seleccionado para ajustar a los datos. De hecho este es uno de los puntos fuertes de la teoría. Lo que sí es cierto es que podríamos elegir un diseño muy bueno para uno de los posibles modelos, pero nada bueno para otros posible modelos rivales. Esta es una crítica importante y por eso la ponemos en primer lugar. Veamos algunos argumentos que suavizan esta crítica.

George Box solía decir que "Los modelos, por supuesto, nunca son verdaderos, pero afortunadamente solo es necesario que sean útiles" (Box, 1979). Esto tiene varias consecuencias, por ejemplo que dos modelos, aunque matemáticamente sea muy distintos, pueden ajustarse muy bien a los datos. Podrían ser incluso complementarios, en el sentido de que recogen aspectos distintos del fenómeno físico que se está estudiando. Otra consecuencia es que incluso con los datos no tenemos la posibilidad de decir "este es el modelo verdadero". Digamos que el problema de la elección del modelo no está solamente en el diseño de experimentos.

Con frecuencia la utilización de un modelo viene de la experiencia, de datos retrospectivos o de intuiciones del experimentador. Algunos, incluso, se derivan matemáticamente, por ejemplo como solución de un sistema de ecuaciones diferenciales bien conocido.

También existen criterios de optimización para discriminar entre modelos rivales (López-Fidalgo and Villarroel, 2007), que proporcionan buenos diseños para esa labor previa de seleccionar le modelo más adecuado de entre los posibles. Hay que añadir que de nuevo estos diseños pueden sur muy buenos para esa labor de discriminación, pero después no tan buenos para estimar los parámetros del modelo elegido. Lo que sí se puede hacer siempre es utilizar varios criterios al mismo tiempo definiendo una función compuesta, lineal habitualmente, que busca un diseño de compromiso razonablemente bueno para todos los criterios, de discriminación y de ajuste del modelo o modelos.

10.3.2. En modelos no lineales la matriz de información depende de los parámetros

Lo que se ha visto hasta ahora corresponde a modelos lineales, en los que la matriz de información depende solamente del diseño y por tanto el problema de optimización es limpio. Pero en un modelo no lineal, por ejemplo una exponencial con algunos parámetros en el exponente, nos lleva a un matriz de información que depende de los parámetros. Nos encontramos entonces ante una función criterio que, además del diseño, depende de los parámetros que precisamente queremos estimar con los datos que obtengamos al llevar a la práctica el diseño calculado. Este es también un problema importante, que tiene varias soluciones posibles y sólidas:

Óptimo local: Mediante la experiencia histórica podríamos disponer de unos valores aproximados de los parámetros, que llamaremos valores nominales. La pregunta inmediata es cuál es el impacto de equivocarnos en esta elección. Para dar respuesta a esto, se suele hacer un análisis de sensibilidad en torno a los valores nominales elegidos. Este análisis permite valorar el impacto de la equivocación. En particular subestimar y sobrestimar pueden tener impactos muy diversos y de este estudio se deduciría, por ejemplo que es preferible subestimar los valores nominales a sobrestimarlos. Esto lleva a consecuencias muy concretas y muy prácticas.

Diseños minimax: Yendo más allá con la última idea, se pueden calcular diseños que se pongan en la peor de las situaciones en cuanto a la elección de los parámetros. Esto da mayor seguridad, pero exige una mayor potencia de cálculo.

Diseños secuenciales: Este es un enfoque de gran interés actual y muy eficiente. En el también llamado diseño adaptativo (por ejemplo, Moler et al., 2006), en cada paso los diseños se calculan a partir de las observaciones obtenidas anteriormente. En particular, los parámetros se estiman en cada paso y, por lo tanto, la dependencia se vuelve menos importante a lo largo del proceso.

Diseños bayesianos: Otro enfoque típico para este problema es el uso de algún tipo de diseños bayesianos. Esto no exime de la necesidad de elegir una distribución a priori, con unos valores medios, que son los valores nominales mencionados, y una estructura de varianzas y covarianzas, que modera las posibles equivocaciones de elección de los valores nominales de una forma no tan radical como los diseños minimax.

10.3.3. Selección de Criterios

Como se ha mencionado, hay una serie de criterios diferentes que persiguen diferentes objetivos. ¿Cómo elegir el que mas nos conviene? En la práctica, se utilizan muy pocos criterios de optimalidad y la elección de uno de ellos no es un gran problema. Además, el teorema de equivalencia original, mucho más restrictivo que el general, probó la equivalencia (de ahí el nombre) entre la D-Optimalidad y un criterio para minimizar la varianza de las predicciones (G-Optimalidad). Esto significa que los diseños óptimos no están siempre tan lejos para diferentes criterios. Incluso más, bajo algunas condiciones, existen diseños universalmente óptimos (Harman, 2008). Sin embargo, si hay interés en más de un criterio, que producen diferentes diseños óptimos, se pueden usar criterios compuestos para llegar a un compromiso para un diseño deseable (Cook and Wong, 1994).

10.3.4. Controversia entre diseños exactos frente a diseños aproximados

Los diseños aproximados son bastante convenientes desde un punto de vista teórico y computacional. Pero para implementarlos en la práctica se necesita algún tipo de redondeo con la correspondiente pérdida de eficiencia en el diseño. Por el contrario, los diseños exactos son practicables pero de cálculo muy difícil. George Box nunca llegó a aceptar el uso de los diseños aproximados introducidos por Kiefer (1959).

Esta controversia no debería afectar al desarrollo de la teoría. Después de años de experiencia en el área, se puede decir que los diseños exactos son necesarios, y menos difíciles de calcular, para tamaños de muestra pequeños (Pukelsheim and Rieder, 1992; Imhof and Wong, 2000). Para muestras grandes, los diseños aproximados pueden redondearse de manera eficiente.

10.3.5. Con frecuencia, los diseños óptimos exigen condiciones extremas

Una situación típica en estadística es que las condiciones extremas en los experimentos ofrecen, "teóricamente", más información para tomar decisiones. Pero esto puede no ser asequible, tóxico, peligroso o poco ético. Aún más, si el diseño óptimo se reduce a unos pocos puntos, menos de lo que les gustaría a los expertos, lo rechazarían.

Esto es absolutamente cierto y el estadístico debe ser muy cuidadoso con este aspecto. Frecuentemente, el diseño óptimo debe considerarse como una referencia para medir la eficiencia de los diseños que los experimentadores usan en la práctica o para elegir el mejor entre una clase de diseños que les ofrecen más garantías. Una práctica habitual e restringir la búsqueda a una clase de diseños para preservar los requisitos de los expertos.

10.3.6. Cómputo difícil

El cálculo de diseños óptimos no es una tarea fácil en general. De hecho, la búsqueda de diseños óptimos a menudo se restringe en la investigación metodológica a modelos unidimensionales, aunque se ha realizado algo de trabajo con modelos más complejos (Garcet-Rodríguez et al., 2008).

Existe un interés creciente en desarrollar buenos algoritmos para calcular diseños, ya sean diseños exactos o aproximados (ver, por ejemplo, Martin-Martin et al., 2007 o Harman et al., 2020). Se podría pensar que las personas que trabajan en diseño óptimo deben ser buenas en optimización. No son malos, pero no son especialistas en el tema. Al mismo tiempo, las personas en optimización a veces están lejos de la estadística e incluso más de los diseños experimentales. Por lo tanto, hay una necesidad de una mayor cooperación entre ellos.

10.3.7. Problema de escala

Algunos criterios no son invariantes con respecto a reparametrizaciones. Esto significa que la escala de un parámetro puede ser mucho mayor que la escala de otro parámetro en el modelo, causando diferentes magnitudes de las varianzas de sus estimadores. Por lo tanto, el criterio puede no prestar suficiente atención a la pequeña varianza en magnitud, pero igualmente importante en la inferencia. Este es el caso de la A-Optimalidad, entre otros criterios.

Este problema requiere un cuidado especial y una cierta estandarización de los criterios. Se han dado diferentes soluciones a este problema. Por ejemplo, los criterios de optimalidad estandarizados por las eficiencias de cada parámetro (Dette, 1997) producen eficiencias finales similares para estimar cada parámetro del modelo independientemente de la magnitud de las varianzas de los estimadores. Otra posible estandarización es por el coeficiente de variación (López-Fidalgo and Rivas-López, 2007; López-Fidalgo et al., 2007). Este último añade una dependencia de los parámetros, que no es tan relevante para los modelos no lineales ya que aquí la dependencia de los parámetros es inevitable. Para la D-Optimalidad, el criterio más popular, basado en el determinante de la FIM, la estandarización no es necesaria.

Bibliografía

M. Amo-Salas, J. López-Fidalgo, and E. Porcu. Optimal designs for some stochastic processes whose covariance is a function of the mean. *TEST*, 22(1):159–181, 2013.

M. Arévalo-Villena, M.M. Fernández-Guerrero, J. López-Fidalgo, and A.I. Briones-Pérez. Pectinases yeast production using grape skin as carbon source. *Advances in Bioscience and Biotechnology*, 2(2):89 – 96, 2011.

G.E.P. Box. Some problems of statistics and everyday life. *Journal of the american statistical association*, 74:1–4, 1979.

R. D. Cook and W. K. Wong. On the equivalence of constrained and compound optimal designs. *J. Amer. Statist. Assoc.*, 89:687–692, 1994.

H. Dette. Designing experiments with respect to "standardized."optimality criteria. *Journal of the Royal Statistical Society, Series B*, 59(1):97–110, 1997.

R.A. Fisher. Studies in crop variation. iii. the influence of rainfall on the yield of wheat at rothamsted. *Philosophical Transactions of the Royal Society B*, 213 (402–410):89–142, 1924.

R.A. Fisher. *The Design of Experiments*. Oliver and Boyd, 7th Edition, Edinburgh, 1935.

S. Garcet-Rodríguez, J. López-Fidalgo, and R. Martín-Martín. Some complexities in optimal experimental designs introduced by real life problems. *Tatra Mt. Math. Publ.*, 39:135–143, 2008.

R. Harman. Equivalence theorem for schur optimality of experimental designs. *Journal of Statistical Planning and Inference*, 138:1201–1209, 2008.

R. Harman, L. Filová, and P. Richtárik. A randomized exchange algorithm for computing optimal approximate designs of experiments. *Journal of the American Statistical Association*, 115(519):348–361, 2020.

L. Imhof and W. K. Wong. A graphical method for finding maximin designs. *Biometrics*, 56:113–117, 2000.

J. Kiefer. Optimum experimental designs. *J. Roy. Statist. Soc. Ser. B*, 21:272–319, 1959.

J. López-Fidalgo and M.J. Rivas-López. Mv-optimality standardized through the coefficient of variation. *Journal of Statistical Planning and Inference*, 137:2680–2007, 2007.

J. López-Fidalgo and J. Villarroel. Optimal designs for radiation retention with Poisson correlated response. *Statistics in Medicine*, 26(9):1999–2016, 2007.

J. López-Fidalgo, M. J. Rivas-López, and B. Fernandez-Garzon. A-optimality standardized through the coefficient of variation. *Communications in Statistics-Theory and Methods*, 36(1-4):781–792, 2007.

J. López-Fidalgo. *El azar no existe*. Amazon, 2019.

J. López-Fidalgo. *Optimal Experimental Design: A Concise Introduction for Researchers*. Lecture Notes in Statistics (LNS, volume 226). Springer, Heidelberg, 2023.

R. Martin-Martin, B. Torsney, and J. López-Fidalgo. Construction of marginally and conditionally restricted designs using multiplicative algorithms. *Computational Statistics & Data Analysis*, 51(12):5547–5561, 2007.

J.A. Moler, F. Plo, and M. San Miguel. An adaptive design for clinical trials with non-dichotomous response and prognostic factors. *Statistics and Probability Letters*, 76:1940–1946, 2006.

D.C. Montgomery. *Design and Analysis of Experiments*. John wiley & sons, New York, 2017.

M.R. Munafo, B.A. Nosek, D.W.M. Bishop, K.S. Button, Ch.D. Chambers, N.P. du Sert, U. Simonsohn, E.-J. Wagenmakers, J.J. Warell, and J.P.A. Ioannidis. A manifesto for reproducible science. *Nat. Hum. Behav.*, 1:0021, 2017.

H. Park., J.R. Behrman, and J. Choi. Causal effects of single-sex schools on college entrance exams and college attendance: Random assignment in seoul high schools. *Demography*, 50 (2):447–469, 2013.

A. Pázman. Correlated optimum design with a parametrized covariance function. Technical report, Dept. of Statistics and Mathematics, Wirtschaftsuniversität, Vienna, 2004.

A. Pázman. Criteria for optimal design of small-sample experiments with correlated observations. *Kybernetika*, 43(4):453–462, 2007.

J. Pearl and D. Mackenzie. *El libro del porqué. La nueva ciencia de la causa y el efecto*. Pasado y Presente, Barcelona, 2020.

P. Peduzzi, J. Concato, E. Kemper, T.R. Holford, and A.R. Feinstein. A simulation study of the number of events per variable in logistic regression analysis. *Journal of Clinical Epidemiology*, 49:1373–1379, 1996.

F. Pukelsheim and S. Rieder. Efficient rounding of approximate designs. *Biometrika*, 79(4): 763–770, 1992.

D. Salsburg. *The Lady Tasting Tea: How Statistics Revolutionized Science in the Twentieth Century*. Henry Holt and Company, USA, 2002.

C. Wu and M. Hamada. *Experiments: Planning, analysis, and optimization*. Wiley series in probability and statistics, 2009.

Índice alfabético